선박조종학

Theory and Practice of Ship Handling

정창현 · 김철승 · 박영수 편저

MUN HYUN

서 문

　선박의 대형화, 고속화, 조종성능의 변화를 반영한 최신화된 선박조종술에 관한 도서를 찾다가 2011년 3월에 발간된 Kinzo Inoue 교수님이 쓰신 'Theory and Practice of Ship Handling'을 발견한 것은 참으로 뜻깊은 일이었다. 일본어판인 원서는 같은 해 'Shoichi Sumida 상(올해의 최고의 책)'을 수상하였고, 이후 일본(2012년) 및 한국(2013년)에서 차례로 영어판을 낼 정도로 학계 및 해운계에서 많은 호응을 불러 일으켰다.

　대학에서 선박조종을 강의하면서 최근 급변하는 선박의 변화 추세에 걸맞는 선박조종술에 대한 최신의 정보를 담은 강의교재가 필요하다고 느껴왔다. 조선공학의 눈부신 발전으로 선박조종 분야의 변화된 학문 깊이가 요구되고 있어 Kinzo Inoue 교수님의 도움을 받아 'Theory and Practice of Ship Handling'을 대학에서 강의교재로 활용하고자 2017년 번역본을 출판하였다.

　번역본을 급하게 출판하면서 일부 오류의 수정이 요구되는 부분을 바로 잡았으며, 저자가 그동안 연구해 온 내용 중 교재에 포함하고 싶은 부분을 일부 반영하여 새롭게 출판하게 되었다. 이 책은 크게 도입부, 선박조종 이론, 선박조종 실무 그리고 시뮬레이션을 수행한 선박들에 대한 선박조종 특성 자료로 구성되어 있다. 도입부에서는 선박조종과 관련된 선박-조선자-환경 상호간의 관계, 선박조선자에게 요구되는 능력 그리고 선체운동과 복원력 등이 설명되었다. 선박조종 이론에서는 조타장치, 추진장치, 쓰러스터 및 예선 그리고 외력의 영향으로 인한 선체운동에 대해 설명하고 있다. 선박조종 실무에서는 항해와 접이안 그리고 계류와 묘박과정에 대해 설명하고 있다. 마지막으로 이들 이론과 실무를 뒷받침하고 있는 선박조종 특성에 대한 기초자료를 끝부분에 함께 수록하고 있다.

　아직까지 선박조종과 관련된 국내 교재가 몇 안되어 본 교재가 선박조종을 배울 우리 학생들과 선박 및 산업현장에 계시는 분들께 큰 도움이 되길 희망하고, 기탄없는 충고와 고견을 주시면 지속적인 보완을 통해 개선해 나갈 것으로 약속드린다.

2019년 2월
저자 일동

Contents

Volume 2. 선박조종 이론

Volume 3. 선박조종 실무

Volume 4. Ship Handling Characteristics Data Base

Volume 01

Introduction

Chapter 1. 선박조종의 정의와 조선자에게 요구되는 기술

1. 선박, 조선자, 환경의 관계

조선자는 주어진 환경에서 선박을 안전하게 조선할 책임이 있으며, 그러한 역할을 수행하기 위해서는 그 분야에 대한 전문가가 되어야 한다.

〈그림 1.1.1〉은 안전한 선박조종을 위해 요구되는 주요 요소들간의 관계를 보여주고 있으며, 주요 3요소는 선박, 조선자, 환경이다.

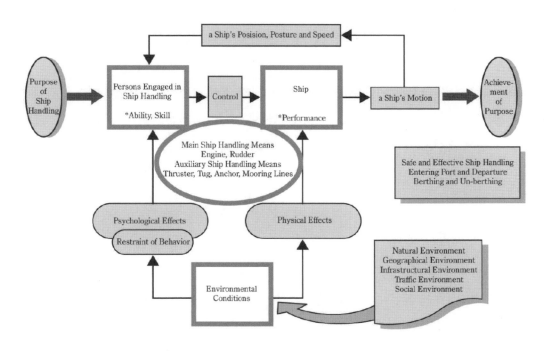

〈그림 1.1.1〉 선박조종 주요 3요소의 상호관계

선박, 조선자, 환경으로 구성되는 상호관계에서 조선자는 안전한 선박 조종을 실행하기 위해 시스템에 직접적으로 관여하는 주요 기술적 실행자이다. 여기에 조선자는 주체에 해당되고, 선박은 대상물이며, 환경은 주체의 행위에 영향을 주는 요소라고 할 수 있다.

선박과 조선자에게 영향을 주는 환경적 조건은 선박의 운동에 직접적으로 영향을 주는 물리적 요소와 조선자의 판단과 행위에 간접적으로 영향을 주는 정신적인 요소로 구분될 수 있다. 이러한 요소는 5가지로 구분된다.

〈표 1.1.1〉 선박조선에 영향을 주는 환경요소

자연 환경	바람, 조석, 조류, 파도, 시정
지리 환경	섬, 여울목, 수심
기반 환경	조선구역, 방파제, 부두, 준설된 수로, 투묘지
교통 환경	부이, 항행보조시설, 교통량, 어선의 작업
사회 · 정보 환경	법, 규칙, 관습, 이용할 수 있는 정보

바람, 조석, 조류, 파도는 외부적 교란으로 선체운동에 직접적으로 영향을 주는 반면, 지리적 환경 및 기반환경 요소는 저수심 영향(shallow water effect) 또는 안벽영향(bank effect)과 같은 동적인 현상을 통하여 선박에 간접적으로 영향을 주게 된다.

조선자 입장에서 지리적 환경 및 기반 환경요소는 선박조종의 측면에서 제약을 주고, 항로에 타선이나 물체의 출현과 같은 교통 환경요소는 위험 회피 동작을 취하도록 하는 스트레스를 주며, 사회·정보 환경요소는 의사결정 과정에 정신적으로 영향을 준다.

이러한 환경적 요소는 외부 교란으로써 선체운동에 직접적 또는 간접적으로 영향을 주기 때문에 조선자는 이러한 외부 교란의 영향을 예측하고 제어하는 지식과 기술을 가지고 있어야 한다.

2. 선박조종의 정의

조선자의 역할은 위험을 내포하는 다양한 외부교란의 영향에 대응하여 그들의 기술을 최대한 발휘하여 목적한 선박조종을 행하는 것이다. 선박조종 과정에서 조선자는 이러한 외력에 대한 정확한 예측에 근거하여 외력의 영향에 빠르게 대처하는 능력이 요구되며, 또한 산술적으로 예측가능한 자선의 조종성능에 대한 지식이 요구된다. 게다가 그러한 신속한 대처는 선박의 안전을 위해 최선으로 그리고 효과적으로 행해져야 한다.

이상과 같이, 선박조종은 선박의 부력, 복원성, 조종성, 감항성 뿐만 아니라 환경적 요인을 고려하여 타, 주기, 보조 기기를 사용하여 자선의 위치, 자세, 속력을 제어함으로써 선박을 의도한대로 안전하고 효과적이며 경제적으로 움직이거나 멈추게 하는 행위라고 정의할 수 있다.

조선자는 선박을 안전하고 효과적이며 경제적으로 조종하기 위한 전문가이어야 한다. 조선자는 필요한 과학적 지식에 능통해야만 선박의 부력, 복원력, 조종성능, 감항성과 관련한 동적 운동을 이해할 수 있고 바람, 조류, 해류, 파도와 같은 외적 교란과 선박에 주는 영향을 고려하여 조선할 수 있다.

조선자는 폭풍우치는 외해에서부터 제한된 지형의 내항에 이르기까지 다양한 조건에서 선박을 조선하게 된다. 또한 선종과 크기도 다양하다. 그래서 자연환경의 변화와 다양한 선종, 크기에 대응하여 안전하게 선박을 조종하기 위해서는 조선자에게 고도의 신념과 기술이 요구된다. 주기관, 타, 기타 보조기기를 사용하여 조선자의 의도에 따라 선박이 조종될 때, 선체운동은 조종성능에 상응한다. 그리고 만약 선박운동이 조선자의 처음 기대와 다르게 일어난다면, 수정된 제어 행동이 취해져야 한다. 즉, 조선자는 조종성능 특성으로부터 발생되는 선체운동을 예측하고 선박을 의도한대로 조종하는 능력을 가져야 한다. 다시 말하면 조선자의 기술은 선체의 동적 운동에 대한 깊은 과학적 이해를 바탕으로 경험적 기술을 합리적으로 적용할 수 있어야 하고, 제어장치와 주기관, 타, 프로펠러, 계류삭, 앵커, 예선과 같은 보조장치의 효과와 성능에 대해 잘 알고 있어야 한다.

Chapter 2. 실제 선박조종과 조선자의 역할

1. 선박조종에서 요구되는 미세한 제어

선박조종은 가능한 효과적이고 경제적으로 선박을 의도한 대로 안전하게 움직이거나 정지하도록 하는 행위의 연속이다. 이러한 행위에는 침로유지, 침로변경, 충돌회피, 입·출항, 접·이안, 계류, 투·양묘, 정박지 이동, 정박당직 등이 포함된다. 무엇보다도 조선자는 방파제, 부두, 부이, 수로, 타선 등으로 제한된 수역에서 섬세한 제어와 판단을 할 수 있어야 하고, 조그마한 실수도 용납될 수 없는 굉장히 큰 심리적 압박을 갖고 조선하게 된다.

강하고 복잡한 조류, 만곡부, 여울, 암초, 교통 밀집, 어로행위 등과 같은 많은 장애물이 있는 협수로는 선박이 통항하기 어려운 장소로 알려져 있다. 항구 및 항내 또한 제한된 조종수역과 수심 때문에 선박조종이 어려운 장소이다. 제한된 조종수역은 조선자의 운항조건 선택에 제한을 주고, 저수심은 저수심 효과(shallow water effect) 때문에 선박의 조종성을 감소시킨다. 항내에서 선박조종 시 또 다른 주요한 특징은 매우 저속으로 항해해야 하는 것이다. 저속에서는 바람과 파도의 영향이 더 커지고, 타의 영향은 반대로 감소한다. 특히 자동차 운반선과 같이 상부 구조물이 큰 선박은 제한된 수역에서 바람의 영향이 훨씬 크다. 게다가 오늘날에는 거대해진 선박의 크기와 깊어진 흘수로 인해 항만 내에서의 조선이 더욱 어려워졌다. 컨테이너 선박이나 LNG 선박은 전방 시야가 제한되어 조선자에게 심리적 부담을 주고, 높은 선교는 시각적으로 선속을 과소평가하게 만든다.

2. 선체운동에 대한 정보의 수집

제한된 수역에서의 조선은 대양에서의 일반적인 항해에 요구되는 것과는 다른 감각이 요구된다. 조선자는 풍압차(leeway), 선수의 회두(swing of bow), 전진속력(headway speed), 횡이동 속력(lateral drift speed)을 예측하고, 적절한 대응을 하기 위해 즉각적으로 명령을 내려야 하기 때문이다.

조선자는 제한된 수역에서 저속으로 운항할 때 환경적 상황에 맞는 섬세한 조선을 해야 하며, 시각적 관찰에 의한 인식을 바탕으로 선체의 동적 운동에 대한 판단 기준을 혼

자서 결정해야 한다. 조선자가 항해장비 지시기를 볼 시간이 없을 정도로 바쁜 상황에서는 자신의 경험적 기술에 의존하게 된다. 이것은 조선자가 기계적 측정치를 참조하는데 시간을 덜 할애하면 할수록 전통적인 방식에 입각한 개인적 기술을 더 따르게 되는 것을 의미한다.

제한된 수역에서 조선하는 것이 정상적인 속력으로 항해하는 것보다 훨씬 어려운 이유는 저속으로 인해 조종성능이 나빠진 상태에서 외부 교란의 영향이 더 커지고 조선자가 매우 제한된 시간 내에 연속적으로 많은 관측, 결정, 운항을 해야 하기 때문이다. 게다가 제한된 수역은 항만 시설과 장애물에 가깝고, 시각적 관측의 작은 실수와 일시적인 판단 착오가 치명적인 사고로 이어질 수 있기 때문이다.

선체운동에 대한 정보의 수집은 시각적 관측에 의한 개인적인 직관에 의존해 왔으며, 선박의 대형화와 선종의 다양화는 시각과 직관을 통해 선체운동을 파악해오던 조선자에게 선박조종을 더욱 더 어렵게 한다. 최근 인간의 부족한 감각을 보충하고 주관적인 판단을 지원하는 다양한 장비가 도입되어 효과적으로 사용되고 있다.

매우 저속으로 움직이는 선박의 섬세한 움직임을 관측하기 위한 장치는 매우 정확한 측정능력을 가져야 한다. 예를 들면 Head way, Leeway, Drift 각도를 측정하기 위한 Doppler sonar, GPS와 AIS의 위치정보를 지시하기 위한 ECDIS, 횡이동 속력과 부두와의 거리를 지시하는 접안속도 지시장치(berthing velocity indication system), 선박의 침로와 위치를 식별하기 위한 도표와 도등(leading mark & light), 방향 지시등은 그러한 지원시스템 및 장치의 좋은 예이다.

3. 조선자의 역할

3.1 안전

항로와 항만 등 연계시설의 개선과 부력, 복원력, 조종성능을 포함하여 감항성이 확보되고 조선자의 조종 기술 향상을 통하여 해양사고가 근절될 때 해상에서의 안전은 성취될 수 있다.

조선자는 선박 안전과 보안에 대한 주체이므로, 그들의 지식과 기술을 향상시키기 위해 끊임없는 노력을 다해야 한다. 그리고 선박의 성능과 선박 운항을 위한 환경을 개선하고자 하는 노력 또한 행해져야 한다. 다시 말하자면, 해상에서의 안전은 선박, 조선자,

환경 중 어느 하나만의 개선으로는 이루어질 수 없으며, 협력 관계로써 조화로운 발전이 동시에 이루어져야 한다.

3.2 안전을 위한 요소

해상에서의 안전은 비록 선박이 좋은 조종성능을 가지고 있다 하더라도 조선자의 능력이 부족하면 확보할 수 없다. 마찬가지로 조선자가 충분한 경험, 기술, 능력을 가지고 있다 하더라도 선박의 조종성능이 나쁘면 안전을 확보할 수 없다. 그리고 시설 환경이 좋지 않으면 조선자의 기술이나 선박의 조종성능이 우수함에도 불구하고 심각한 문제가 발생할 수 있다. 따라서 해상에서의 안전을 위해서는 이들 3요소가 조화를 이루어야 한다. 즉, 선박은 좋은 성능을 갖고, 선박조종 환경은 이상적으로 설계되어야 하며, 조선자는 운항 상황의 변화에 올바로 대응할 수 있는 탁월한 능력을 가져야 한다.

3.3 안전에 대한 자세

선박조종 이론은 조선자의 개인적 지식과 기술을 향상시켜 해양사고를 막고 해상 안전을 확보하기 위한 선박조종 기술에 관한 연구의 산물이다.

과거에는 조선자의 기술과 지식은 그들 자신의 안전한 조선에만 국한되었지만 근래의 조선자는 선박의 안전한 조종을 위해 선박의 성능과 환경조건을 향상시키는 것에도 참여하고 있다. 조선자는 자선의 안전한 조선을 위해 해상에서의 안전을 보다 적극적으로 개선하고, 해상 전문가로서 사회에 공헌하도록 필요한 제안도 해야 할 것이다.

조선자가 해상경험을 바탕으로 개인적 기술에만 의존하여 자신의 전문분야와 자기만족에만 빠져있다면, 선박의 성능과 항만의 기반 환경을 개선하고 혁신하는 보다 더 큰 일을 기대하기 어려울 것이다.

3.4 조선자에게 요구되는 자기 개선

선박에서는 엄격하고 독립적인 작업 시스템으로 인해 조선자는 다른 사람의 임무에 무관심하고 자신의 임무에만 한정하려는 경향이 있다.

근래의 조선자는 자기 만족과 개인적인 작업 형태에서 공동 작업 형태로 의식 개선이 요구된다. 환경시설을 개선하기 위한 제어시스템, 규칙·규정, 선박의 성능에 대한 기술의 개선을 포함하여 항만, 정박지, 교량, 항로 등의 설계·건설·발전에 대해 필요한 제안을 하는 것 또한 조선자의 책임이라고 할 수 있다.

[II] 선체운동, 부력, 복원력

Chapter 1 : 선체운동의 특성

1. 6자유도 운동

선체운동은 6자유도 운동을 하며, 무게중심(G)을 중심으로 한 3차원 수직 좌표계에서 각축에 대해 3개의 병진운동과 3개의 회전운동을 한다.

〈그림 1.2.1〉은 6자유도 운동을 보여주고 있다. 병진운동은 X축은 Surging, Y축은 Swaying, Z축은 Heaving이라 한다. 그리고 회전운동은 X축은 Rolling, Y축은 Pitching, Z축은 Yawing이라 한다.

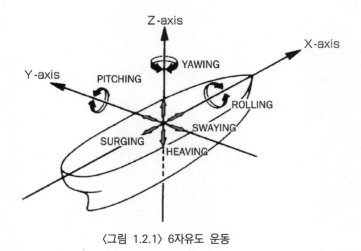

〈그림 1.2.1〉 6자유도 운동

2. 6자유도에서의 선체운동과 복원력

6자유도에서의 선체운동 중 몇 가지는 복원되지만 나머지는 복원되지 않는다.

Rolling, Pitching, Heaving은 복원되고, 이들은 각각 고유 주기를 갖는다.
고유 Rolling 주기는 다음 식으로부터 구할 수 있다.

$$T_R = 2\pi \sqrt{\frac{k_x^2}{g.GM}}$$

T_R : 고유 롤링 주기 k_x : 롤링 회전 반경
GM : 횡방향 메터센터 높이 g : 중력가속도(9.8m/s²)

고유 Pitching 주기는 고유 Rolling 주기의 대략 1/2에서 2/3정도이다. 그리고 고유 Heaving 주기는 고유 Pitching 주기와 거의 동일하다.

반면 Surging, Swaying, Yawing 운동은 복원되지 않는다. 그래서 일단 이러한 운동이 발생하면 이후 발생되는 운동은 반대의 힘이 작용하지 않는 한 같은 방향으로 지속될 것이다. 선박이 부두에 접안 해 있을 때 계류삭이나 방현재(fender)에 의한 복원력이 발생되어 선박에는 'Spring mass system'이 형성된다. 즉, Surging, Swaying, Yawing의 고유 주기는 부두에 접안된 선체에서 발생된다.

선박이 부두에 접안된 상태에서의 고유주기는 다음과 같다.

$$T = 2\pi \sqrt{\frac{m}{k}}$$

T : natural period
m : mass of hull
k : for surging, total dynamic spring constant of intergrated longitudinal mooring force
    for swaying, total dynamic spring constant of intergrated transverse mooring force
    for yawing, substitute moment of intertia for m, and torque required to turn hull 1radian for k

3. 결합운동

6자유도 선체운동에서 하나의 운동은 다른 운동을 야기한다. 예를 들면, Swaying에 의해 선박이 오른쪽에서 왼쪽으로 움직이기 시작하면, Rolling과 Yawing이 유발될 수 있다.

선체형상이 길이방향으로 비대칭이고 무게중심과 부력 중심 사이의 편향 때문에 야기되는 이러한 결과적인 운동을 결합운동(coupled motion)이라 한다.

Swaying, Rolling, Yawing은 결합운동을 유발할 수 있지만, 다른 운동에 의해 완화될 수 있다. 또한 Surging, Pitching, Heaving도 결합운동을 유발할 수 있지만 다른 운동에 의해 완화될 수 있다.

이와 같은 두 그룹의 운동은 '수평운동'과 '수직운동'으로 구분될 수 있다.

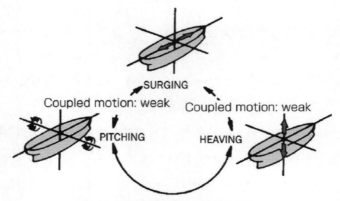

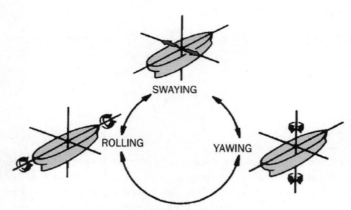

〈그림 1.2.2〉 결합운동

Chapter 2 : 부력과 복원성

1. 부력(Buoyancy)

부유체가 물에 부분적으로 잠기면 아르키메데스 원리[1]와 같이 배출된 물의 중량만큼 상부로 힘이 작용한다. 이렇게 상부로 작용하는 힘을 부력이라 하고, 부력은 부유체의 잠긴 체적에서 작용한다. 부력이 작용하는 지점의 중심을 부력의 중심(부심)이라고 한다.

잠긴 체적이 증가하면, 증가된 체적만큼 부력이 증가한다. 만약 선박이 전체적으로 잠기기 전에 선박의 중량과 부력이 균형을 이루고 있다면, 선박이 물에 뜰 수 있음을 의미한다.

이러한 균형조건은 다음 식으로 표현된다.

$$W = \rho \cdot V = 부력(B)$$

W : 선박 무게 ρ : 물의 비중(specific gravity of water)   V : 선박의 잠긴 체적

중량(무게)은 수직 하방으로 작용하는 반면, 부력은 수직 상방으로 작용한다. 두 벡터의 크기는 같지만 방향은 반대인 것이다.

해수의 비중은 청수의 비중보다 조금 더 크다. 따라서 선박이 해수에서 청수로 항해하면 물에 잠긴 체적이 증가하므로 흘수가 증가하게 된다. 반대로 선박이 청수에서 해수로 항해하면 선체는 부양하고 흘수는 감소하게 된다.

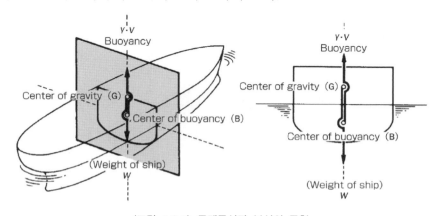

〈그림 1.2.3〉 무게중심과 부심의 균형

---

1) 액체나 기체 속에 있는 물체는 그 물체가 차지한 액체나 기체의 부피만큼의 부력을 받는다는 법칙

Volume 1 _ Introduction **23**

2. 안정된 균형을 유지하기 위한 조건

선박이 물 위에 떠 있을 때, 동적인 상태는 다음과 같이 요약된다.

(1) 선박의 무게중심과 부력의 중심이 같은 수직선상에 있다.
(2) 선박의 중량과 부력의 벡터 크기는 같지만 방향은 반대이다.

(1), (2) 조건하에서 선박은 물위에 정적으로 뜰 수 있다. 그러나 이러한 조건들이 선박이 물에 안정적으로 뜰 수 있도록 전적으로 보장하는 것은 아니다. 선박이 안정적으로 뜰 수 있도록 유지하기 위해서는 다음의 조건이 필수적이다.

(3) 균형된 상태로 떠 있는 선박이 외력에 의해 경사되었을 때, 선박은 자세를 회복하려는 잠재력을 가져야 한다.

위의 3가지 요건이 갖추어졌을 때 선박은 물에서 안정적인 자세로 뜰 수 있다. (3)에서 제시된 Moment를 *복원모멘트(righting moment)*라 하고, 그 잠재력을 *복원성(stability)* 이라 한다.

3. 복원성 지수 'GM'

선박이 기울었을 때 경사진 쪽의 흘수는 증가하고, 잠긴 부분의 형태는 비대칭이 된다. 잠긴 체적의 중심인 부심 B는 B'로 옮겨지며, 〈그림 1.2.4〉와 같이 선체 중심선으로부터 경사된 쪽으로 이동한다.

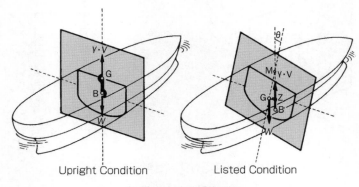

Upright Condition   Listed Condition

〈그림 1.2.4〉 복원모멘트

이러한 상태에서 선박의 무게인 W(weight of ship)는 선박의 무게중심인 G(center of gravity) 점에서 수직 하방으로 작용하고, 반면 부력에 해당하는 B(buoyancy)는 경사된 상태에서의 부심 B′에서 수직 상방으로 작용한다. 이 때 선박의 무게중심은 경사되더라도 바뀌지 않는다. 이러한 상황에서 2가지 벡터는 힘의 크기는 같지만 방향은 반대인 힘의 결합(couple of force)을 만들어 낸다.

이러한 힘에 의해 만들어진 모멘트는 선박을 직립상태로 되돌리는 작용을 하는데, 이것이 복원모멘트(righting moment)이다.

복원모멘트의 크기는 다음과 같이 계산된다.

$$Righting\ moment = W \cdot GZ$$

GZ는 G점에서 부력 작용선에 수직으로 내려진 선이므로 GZ=GM·sinθ로 표현된다.

$$Righting\ moment = W \cdot GM \cdot \sin\theta$$

위에서 GM은 무게중심에서 메타센터(metacenter)까지의 거리를 의미한다. 메타센터 M은 선박이 경사하였을 때 이동한 부심 B′를 지나는 작용선과 선박의 중심선이 만나는 교차점을 의미한다. 메타센터의 위치는 선박의 경사가 10°~15° 범위일 때까지는 바뀌지 않고 거의 일정하다.

선박의 메타센터가 바뀌지 않는 작은 경사 내에서의 복원모멘트를 초기복원력(Initial stability)이라 한다. 초기 복원력은 GM의 크기에 따라 결정된다. GM의 크기는 M과 G의 상대적 거리에 의해 결정된다. 다시 말하면, 선박의 무게중심은 화물의 수직적 배치에 의해 결정된다. 이것은 무거운 화물을 낮은 장소에 적재하면 G가 내려가 GM이 증가함으로써 복원력이 증가함을 의미한다. 반대로, 무거운 화물을 높은 장소에 적재하면 G는 올라가고 감소된 GM과 복원모멘트로 인하여 복원력은 약해진다. 즉, GM은 선박의 복원성을 평가하는 중요한 지수이다.

4. GM과 복원성

선박이 물에 뜬 상태에서 안정적인 평형상태를 유지하기 위해서는 G점이 M점보다 낮아야 한다. 그러므로 안전한 항해를 위해서는 G점이 M점보다 낮게 위치하도록 화물의 배치에 신경써야 한다. 조선자는 G점이 M점보다 위쪽에 위치할 때 무슨 일이 발생하는지 알아야 한다. 다음에서 G점과 M점의 위치에 따른 3가지 경우를 살펴보자.

4.1 G점이 M점보다 낮은 경우

무게와 부력이 결합된 모멘트는 경사된 선박을 직립상태로 되돌리려고 한다. 이러한 경우 선박은 안정된 상태라고 할 수 있다. GM이 양의 값이고, GM이 크면 클수록 복원력은 커진다.

4.2 G점이 M점보다 높은 경우

무게와 부력의 결합모멘트는 선박의 경사를 증가시킨다. 무게와 부력의 결합모멘트는 전복 모멘트를 작용시키고 선박은 불안정한 상태에 놓이게 된다. GM은 음의 값이고, GM이 커질수록 복원력은 작아진다.

4.3 G점과 M점이 같은 경우

GM은 '0'이 되고 복원모멘트나 전복 모멘트가 작용하지 않는다. 이와 같은 상태를 중립상태라고 한다.

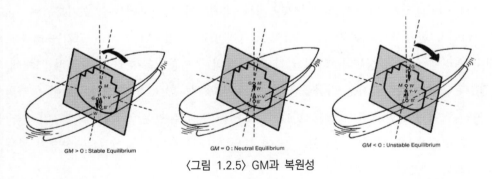

GM > 0 : Stable Equilibrium   GM = 0 : Neutral Equilibrium   GM < 0 : Unstable Equilibrium

〈그림 1.2.5〉 GM과 복원성

5. 복원성 확보

해상에서 일어나는 대부분의 대형사고는 전복과 침몰이다. 만약 전복된 후 최소한의 부력이 남아 있다면, 침몰되어 전손되는 최악의 상황은 피할 수 있을 것이다. 전복을 막기 위해서는 선박이 경사되지 않도록 해야 하고, 경사되더라도 복원력을 유지할 수 있어야 한다. 그러기 위해서는 GM이 양의 값이어야 하고, 그 값은 앞서 언급한대로 충분히 커야 한다.

안전한 GM을 유지하기 위해서는 선박의 무게중심을 고려하여 중량물을 낮은 곳에 적재해야 한다. 안전을 위한 최소한의 GM은 IMO 복원성 규정(International code on intact stability)에서 상선의 경우 15cm 이상(갑판상 목재화물을 적재하는 경우에는 수정 후 10cm 이상)으로 규정하고 있다. 실제 대양을 항해하는 선박의 조선자는 이보다 더 큰 GM을 유지한다. 과거 통계적 자료에 의하면 선폭의 4% 정도의 GM을 유지한다.

다음은 선종에 따른 GM의 통계적 수치이다.

General cargo ship :	0.5~1m
Container ship :	1.5~2m
PCC :	1~1.5m
LNG :	4~5m
VLCC :	5~10m

복원력은 항해 중 연료나 청수의 소모, 갑판상 해수, 화물에의 흡수, 결빙 등으로 인한 변화뿐만 아니라 탱크 내 액체, 갑판상 해수, 빌지 등으로 인한 자유표면효과로 감소될 것이다. 만약 선박이 최소한의 GM만을 가지고 항해한다면, 이러한 영향 때문에 많은 주의가 요구된다. 왜냐하면 가끔 이러한 영향은 갑자기 음의 GM을 발생시키기 때문이다.

GM은 일반상선의 경우 적하지침기(loading computer)를 통하여 구하거나, 아래와 같이 선박의 횡요주기로부터 구할 수 있다.

$$T_R = 2\pi \sqrt{\frac{k_x^2}{g \cdot GM}}$$

T_R : 고유 롤링 주기 k_x : 롤링 회전 반경

GM : 횡방향 메터센터 높이 g : 중력가속도(9.8m/sec²)

여기서 k_x는 0.4B로 대체할 수 있고, g를 9.8m/sec²로 대체하면 다음과 같다.

$$T_R = \frac{0.8B}{\sqrt{GM}}$$

T_R : 선박횡요주기(sec) B : 선폭(m)

Volume 02

선박조종 이론

[I] Rudder

Chapter 1 : Rudder

1. 타의 기능

선박조종은 선박의 위치, 자세, 속도를 제어하여 의
도한대로 선박을 움직이거나 멈추는 것이다. 주로 항
해사가 타와 주기관을 사용하는 것을 의미한다. 주기
관은 선속을 제어하고, 타는 움직이는 방향과 자세,
위치를 제어하는 중요한 장치이다.

〈그림 2.1.1〉 타(rudder)

2. 타의 성능

2.1 타판에 작용하는 힘

타판에 작용하는 힘에 대한 원리를 좀 더 쉽게 이해하기 위해서는 어떻게 항공기가 공
기 중에 뜨는가를 설명한 *베르누이의 정리(Bernoulli's theorem)*를 보면 알 수 있다. 점
성이 없는 완벽한 유체의 일정한 흐름에 관한 베르누이의 정리는 다음과 같은 식으로 나
타낼 수 있다.

$$\frac{p}{\rho g} + z + \frac{v^2}{2g} = const.$$

p : 유체 임의의 점의 압력,   z : 깊이,   v : 속력,
ρ : 물의 밀도(density of water),   g : 중력 가속도

만약 수심의 변화가 없다면, 흐르는 유체 임의의 점에서 유체의 속력(v)이 빨라질수록 압력(p)이 더 작아짐을 보여준다.

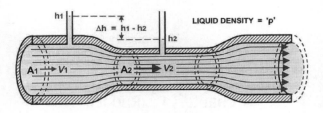

〈그림 2.1.2〉 유속과 압력의 관계

항공기 날개의 기능에 대해, 항공기 날개의 상부 공기는 하부 측보다 빨리 흐르는 원리는 Circulation 이론으로 설명할 수 있다. 그리고 상부와 하부 사이의 속도 차가 양력을 일으키는 원리는 베르누이 정리로 설명할 수 있다.

타의 영향도 항공기 날개와 같은 원리이다. 타가 물에서 δ°만큼 회전하면 회전 방향의 타면의 물의 흐름은 느려지고, 반대쪽 타면의 물의 흐름은 빨라진다. 이것은 흐름이 빨라지면 압력이 낮아지고, 흐름이 느려지면 압력이 올라간다는 베르누이의 정리와 같다. 다음의 〈그림 2.1.3〉은 고압의 타면(회전 방향의 타면)에서 저압의 타면으로 힘이 작용함을 보여준다.

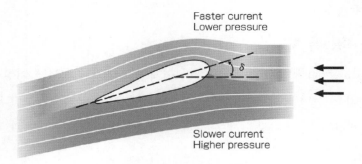

〈그림 2.1.3〉 타 주변 유체의 흐름과 압력

2.2 직압력, 마찰력, 양력, 항력

유체에서 타가 회전할 때 타면에는 *직압력(normal force)*과 *마찰력(friction force)*이 연속적으로 작용하며, 이 두 힘의 합을 *타력(rudder force)*이라고 한다.

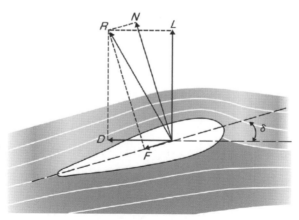

〈그림 2.1.4〉 타에 작용하는 힘

이 힘은 종방향 요소인 *항력(drag)*과 횡방향 요소인 *양력(lift)*으로 분리될 수 있다.

항력은 전진 방향에 저항으로 작용하여 선속을 떨어뜨리고, 양력은 선박 무게중심을 Z축 기준으로 선박이 회전하는 수평회전 모멘트(horizontal turning moment)를 만들어낼 뿐만 아니라 조타방향의 타판을 반대편으로 밀어냄으로써 X축 기준으로 선박을 경사시키는 경사모멘트(heeling moment)를 만들어 낸다.

마찰력(F)은 직압력(N)과 비교하였을 때 너무 작기 때문에 무시한다면, 타가 δ°만큼 회전하였을 때 직압력(N), 양력(L), 항력(D)의 관계는 다음과 같은 식으로 나타낼 수 있다.

$$\text{Lift(L)} = N \cdot \cos\delta$$
$$\text{Drag(D)} = N \cdot \sin\delta$$

2.3 직압력을 구하기 위한 Beaufoy 실험식

직압력을 추론하는 Beaufoy의 실험식에서 직압력은 다음 식과 같다.

$$\text{Normal force(N)} = 58.8 \cdot A \cdot V_p^2 \cdot \sin\delta$$

N : 직압력(kgf)　　　A : 타면적(m^2)

V_p : 타면에서의 유속(m/sec)　　　δ : 타각(°)

Beaufoy의 실험식은 타면적이 크면 클수록 직압력이 커지고 유속의 제곱에 비례한다. 게다가 조타각과 직압력의 관계는 sine 곡선에 따라 증가한다. 그러나 Beaufoy의 실험식으로부터 예측된 값은 실제 값보다 더 작은 경향이 있고, 타의 형태는 반영이 불가능하다.

2.4 Stall 현상

〈그림 2.1.5〉는 조타각에 따른 직압력을 선체 없는 타 모형 실험 결과를 바탕으로 타각에 따라 어떻게 증가하는가를 보여주고 있다.

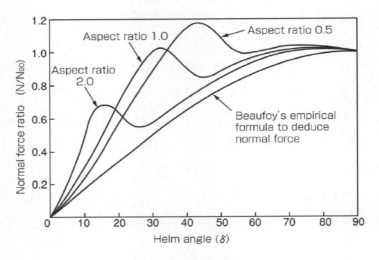

〈그림 2.1.5〉 조타각과 직압력의 상관관계

3가지 형태의 타에 대한 모형실험 그래프와 Beaufoy의 실험식 곡선을 비교해서 보여주고 있다. 타가 일정 각도에 도달할 때까지 타 부근의 물의 흐름은 타의 표면을 따라 균일하게 유지되지만, 타각이 일정각 이상으로 증가하면 타판을 벗어나 와류가 형성되고 직압력이 감소하게 된다. 이러한 영향으로 인한 직압력의 갑작스런 감소를 '*실속(stall)*'이라고 한다. 그리고 stall이 발생하는 타각을 '*한계각(critical helm angle)*'이라고 한다.

타의 형태에 따른 직압력과 한계각 간의 특성을 요약하면 다음과 같다. 수직으로 긴 형태의 타는 작은 타각에서 큰 직압력을 얻을 수 있지만 stall 현상이 일찍 발생하고, 수평으로 긴 형태의 타는 stall 현상이 늦게 발생하기 때문에 상대적으로 더 큰 타각까지 타효를 유지할 수 있다.

2.5 직압력의 중심을 추론하는 Joessel 실험식

Rudder stock의 위치에 따라 조타장치를 가동하는 힘의 크기가 달라진다 할지라도, 그 힘은 Rudder stock 주변 모멘트보다 커야 한다. 예를 들어, Rudder stock이 타의 앞 가장자리에 설치되면 타에 작용하는 직압력과 타의 전면에서 직압력 중심점까지의 거리의 곱에 해당하는 모멘트가 작용한다.

직압력의 작용점을 예측하기 위한 Joessel의 실험식은 다음과 같다.

$$\text{Center of normal force(X)} = (0.195 + 0.305 \sin\delta)b$$

X : 직압력의 중심에서 타의 앞쪽 가장자리까지의 거리(m)

b : 타의 폭(m)　　　　δ : 타각(°)

Joessel의 실험식에 따르면 직압력의 중심은 타각이 증가함에 따라 이동하고, 타를 30° 돌렸을 때 타 전면으로부터 타 폭의 35% 정도의 위치에 놓이게 된다.

2.6 상선에 설치된 타의 종류

(1) 종횡비(Aspect Ratio)

일반적으로 상선의 타는 선체에 고정되어 있고 물은 곧바로 뒤쪽으로 내보내진다. 타는 프로펠러의 직후방에 위치하기 때문에 가속된 프로펠러 배출류의 영향을 받게 된다. 그래서 선박이 전진할 때, 프로펠러 배출류(V_P)는 선속(V_S)보다 크므로 가속된 프로펠러 배출류는 타효를 촉진시킨다.

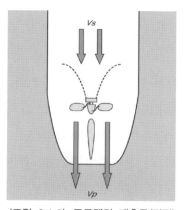

〈그림 2.1.6〉 프로펠러 배출류(전진)

타의 관점에서 보면, 타는 일반적으로 더 큰 양력과 작은 항력이 요구된다. 조종성능의 관점에서 보면, 선박의 선수방위를 유지하기 위해 작은 타각으로 큰 초기 타효를 만들 수 있는 타가 선호된다. 그리고 선회성의 관점에서 보면, 최대 타각에서도 Stall 현상이 없는 타가 선호된다.

모형 타 실험 결과에 따르면, 전자의 목적을 위해서는 수직으로 긴 형태의 타가 적합하고, 나중의 목적을 위해서는 수평으로 긴 타가 더 적합하다.

이러한 상반된 장점 때문에 수직으로 긴 형태의 타(종횡비가 1.5~2.0 정도의 비율)가 상선에서 선호되고 있다. 이것은 비교적 작은 타각으로 큰 직압력을 얻을 수 있기 때문이다. 비록 상대적으로 작은 각에서 stall 현상이 생기는 수직으로 긴 형태의 타 일지라도, 통상적인 조타 범위 내에서는 프로펠러 배출류가 선미에서 수정, 가속되기 때문에 Stall 현상이 잘 일어나지 않는다. 게다가 타에 작용하는 모멘트는 수직방향으로 긴 형태가 수평방향으로 긴 형태의 타보다 작기 때문에 조타장치에 요구되는 동력이 줄어든다.

(2) 표면적, 횡단면 모양

말할 필요도 없이, 타의 면적이 넓을수록 타효도 크다. 그러나 선미 형태의 물리적 조건에 따른 선박의 크기와 형태에 따라 타의 크기와 형태가 제한될 것이다. 일반적으로 상선의 경우 조타 성능과 침로유지 능력의 관점에서 계획만재흘수선의 1.5%에서 2.0%에 해당하는 면적을 갖는 타가 장착되어 있다.

타의 횡단면은 최대 직압력을 얻기 위해 저항을 최소화해야 하므로, 타의 표면을 따라 유동(flow)을 원활하게 할 수 있는 유선형이 가장 적합하다. 유선형 타의 두께는 타 폭의 12~18% 정도가 가장 선호된다.

(3) 구조, 타 축의 위치

대부분의 유선형 타는 직압력 중심에 가까운 곳에 타 축(rudder stock)이 설치되어 있다. 이는 조타장치 동력을 최소화하기 위해서이며, 타 전면부로부터 타 폭의 20~30%에 위치한다. 타는 타판의 형태에 따라 복판타와 단판타로 구분되고, 타축이 직압력 중심에 가까운 곳에 위치한 균형타와 타 전면부에 위치한 불균형타로 구분된다.

3. 타의 영향

3.1 조타 직후의 회전모멘트

타효는 타가 작동한 후 ROT(rate of turn)가 커지면서 나타난다. 본선의 선회가 조선자가 기대한 만큼 잘 되면 조종성능은 좋다고 여겨지고, 조선자의 기대보다 선회가 느리면 조종성능은 나쁘다고 할 수 있다. 타를 작동한 이후 선박이 선회하는 것은 직압력에 의해 생성된 선박의 무게중심의 수직축에 작용하는 회전모멘트(turning moment) 때문이다. 조타 직후 조타성능은 타력에 의한 회전모멘트의 크기에 따라 결정되고, 그 때 형성되는 타 모멘트를 *초기 타력 모멘트(initial rudder force moment)*라 한다.

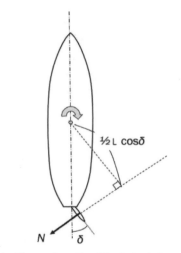

〈그림 2.1.7〉 조타 직후 초기 타력 모멘트

선박이 직진 중에 δ°만큼 타를 돌리면 초기 타력 모멘트(M)는 다음과 같다.

$$M = N(\frac{1}{2}L \times \cos\delta) = (N \times \cos\delta) \times \frac{1}{2}L = (58.8AV^2\sin\delta)\cos\delta \times \frac{1}{2}L = 14.7LAV^2\sin2\delta$$

위 식과 같이, 초기 타력 모멘트는 타각(δ)이 45°일 때 최고점에 도달한다. 그러나 일반 상선에서 최고 타각은 일반적으로 35°로 정해져 있다. 이는 현실적으로 큰 타각을 거의 사용하지 않으며, 저항 증가로 인해 속도 손실이 크고, 대용량의 조타장치가 필요하기 때문이다.

3.2 선회 중 회전모멘트 감소

(1) 유체 저항의 영향

타가 작동된 후, 선박은 물의 저항을 이겨내고 초기타력모멘트에 의해 선회를 시작한다. 초기 단계에서, 선박의 선수는 선회방향의 안쪽으로, 선미는 선회방향의 바깥쪽으로 비스듬하게 나아간다. 그 결과 선체 외판은 해류의 압력을 받게 된다. 선체 바깥쪽의 해류는 선박의 무게중심을 기준으로 전방으로는 선회방향으로 흐르지만, 후방으로는 선회 반대 방향으로 작용한다.

선회동작의 초기단계에서, 비스듬한 해류의 영향은 선박 무게중심의 전방의 면적보다 후방의 면적이 크고, 수압은 반대방향으로 작용하여 초기 타력모멘트는 줄어들 것이다.

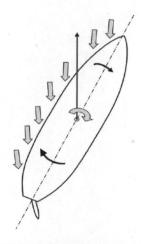

〈그림 2.1.8〉 비스듬히 항해 중 선체에 작용하는 수압

(2) 타의 유체 입사각에 따른 영향

초기타력 모멘트를 감소시키는 다른 이유가 있다. 타에 작용하는 유체의 입사각이 변하기 때문이다. 선회가 진행되면 선박은 전심(pivoting point)을 중심으로 뒤쪽은 바깥으로 앞쪽은 안으로 선회반경을 그리면서 선회한다. 이러한 상황에서 선체에 부딪히는 유동은 더욱 커지게 된다.

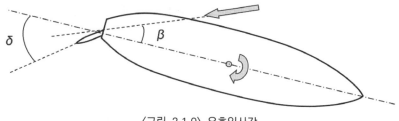

〈그림 2.1.9〉 유효입사각

이러한 비스듬한 유동(flow)으로 인해 선미에 장착된 타에 대한 상대적인 입사각이 실제 조타각보다 작아지기 때문에 타효는 감소하는데, 이를 *유효입사각(effective attack angle)*이라 한다.

비록 유효입사각의 크기가 타각(δ)에서 편류각(β)을 뺀 결과로 간주되지만, 유효입사각은 프로펠러류의 영향으로 전타에 의한 선회 과정에서는 실제 조타각의 2/3 정도만 유효하다.

Chapter 2 : 조타 작용

1. 조타 반응 특성

선체 운동 분야의 끊임없는 연구를 통해 조타에 따른 선박의 반응 운동에 대해서 괄목할 만한 학술적 진전이 있었다. 한편에서는 조타에 따른 선박의 반응 운동은 조선자의 느낌을 통해서 주관적이고 개인적인 것으로 이해되어 왔기 때문에 같은 현상이 다른 용어로 해석되기도 한다. 이러한 불편을 해소하기 위해서 다음과 같이 용어를 정의하고자 한다.

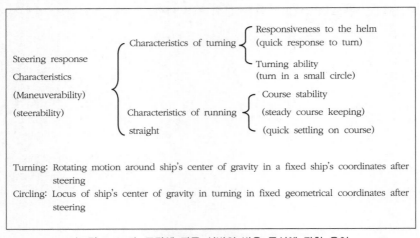

〈그림 2.1.10〉 조타에 따른 선박의 반응 특성에 관한 용어

조타 반응 특성에 해당하는 'Maneuverability'라는 용어는 선박의 조종 운동 특성을 표현하는데 사용되는 반면, 'Steerability'라는 용어는 실제 선박조종에서 사용되는 개념이다. 조타 반응 특성은 조선자의 관점에서 '선회(turning)'와 '직진성(running straight)'으로 구분할 수 있다. 반면 선박조종 운동 특성은 추종성(responsiveness to the helm), 선회성 (turning ability), 침로 안정성(course stability)으로 나타낼 수 있다. 과거에는 선수방위를 변화시키는 단순한 선회와 선회 시 그려지는 반경의 특성 차이가 모호했다.

조선자의 가장 중요한 작업 중 하나는 선박을 자신이 원하는 방향으로 정침시키는 것이다. 타를 이용하여 선박의 선회와 선회권 운동을 적절히 제어하는 것은 침로를 유지하거나 변경하고, 충돌의 위험을 피하기 위한 근본적인 운용이라고 할 수 있겠다. 조선자가 원하는 바는 빠른 선회율(ROT)과 작은 선회권으로 선회하는 능력이다. 따라서 '조타에 대한 신속한 반응'과 '작은 선회권으로 선회'하는 능력은 조선자가 선박의 반응성을 평가하는데 주요한 구성요소가 된다.

선박조종 운동에서 조타에 반응하는 특성 전체를 *조종성능(maneuverability)*이라 한다. 조타에 따라 선수방위를 바꾸는 특성은 추종성(responsiveness to the helm), 선회권을 그리는 특성은 선회성(turning ability), 침로를 유지하는 것은 침로 안정성(course stability)이라 한다.

그리고 이러한 선박의 조종 성능을 나타내는 지수를 *조종성 지수(maneuverability indices)*라고 하고, 그 중 타의 반응성 지수를 *추종성 지수(index of responsiveness to the helm)*, 선회능력 지수를 *선회성 지수(index of turning ability)*라 한다. 침로 안정성 지수는 추종성 지수와 동일하게 본다.

2. 조종성 지수

2.1 선박 조종 운동의 선형 방정식

과거 선박 조종성능은 선박의 무게중심을 기준으로 그려지는 선회권에 초점을 맞춰 평가되었다. 그러나 이러한 자료는 운동과 시간 사이의 관계가 포함되지 않았다. 예를 들면 타가 사용된 시간과 이후 선수가 움직이기 시작한 시간과의 시간차, 완전히 선회를 마칠 때까지의 시간은 포함되지 않았다.

현재에는 선박 조종 운동을 기초로 하고 시간 경과를 추가로 사용하여 선회특성을 평가할 수 있게 되었다. 이를 위해 '선박 조종 운동 선형 방정식'은 간단하고 효율적으로 선박 조종 운동을 설명하고 있다.

이 방정식의 구조와 개념은 다음과 같다.

타에 의한 선박 조종 운동은 3가지 결합운동으로 볼 수 있는데, 선박 무게중심의 종방향 운동, 횡방향 운동, 선회 운동으로 볼 수 있다.

뉴턴의 운동 제2법칙(F=ma)를 적용하여 다음과 같은 3개의 방정식이 도출된다.

$$\text{For longitudinal motion : } m(\dot{u} - vr) = X$$

$$\text{For lateral motion : } m(\dot{v} + ur) = Y$$

$$\text{For turning motion : } Iz \cdot r = N$$

m : ship's mass

u : speed parallel to ship's longitudinal axis(X-axis)

v : speed parallel to ship's transverse axis(Y-axis)

r : rate-of-turn around vertical axis(Z-axis) passing ship's center of gravity

Iz : ship's moment of inertia around Z-axis

X : force acting on hull parallel to X-axis

Y : force acting on hull parallel to Y-axis

N : moment around Z-axis

이 3개의 운동 중 종방향 운동은 타에 의한 선회에서 크게 영향을 받지 않는다. 따라서 종방향 운동 방정식은 결합운동에서 제외하여도 무방하다. 만약 타를 작동하여 선체에 작용하는 유체력이 Y축 방향으로 작용한다면, Y와 N에 관한 식은 선속과 가속도에 따라 점차 변할 것이다. 그리고 만약 이러한 연속 방정식에 선형이론이 적용된다면 조타각(δ)에 따른 선회율(r) 방정식이 도출된다. 더 간소화하면 다음과 같은 선박의 조종운동 방정식을 도출해 낼 수 있다.

$$T\dot{r} + r = K\delta$$

T : index of responsiveness to the helm　　　K : index of turning ability

2.2 T와 K의 물리적 특성

선박을 무게중심을 중심으로 회전하는 선회관성 모멘트 'I'를 갖는 물체로 가정하고, 이러한 선회는 조타각(δ)의 크기에 따른 모멘트와 선회율(r)에 따른 저항 모멘트에 의해 형성되는 것으로 가정한다면, 선회운동 방정식은 다음과 같다.

$$I\dot{r} + br = a\delta$$

$$\left(\frac{I}{b}\right)\dot{r} + r = \left(\frac{a}{b}\right)\delta$$

$$\left(\frac{I}{b}\right) = T$$

$$\left(\frac{a}{b}\right) = K$$

I : turnig moment of inertia　　　r : rate of turn

a : gain coefficient of rudder force　　　b : gain coefficient of resistance moment

추종성 지수(T)는 저항 모멘트 계수(b)와 선회관성 모멘트(I)의 비로 나타낼 수 있고, 선회성 지수(K)는 타력 계수(a)와 저항 모멘트 계수(b)의 비로 나타낼 수 있다.

저항모멘트가 변하지 않는다고 가정할 때, T값이 커지면 선회관성(I) 값도 커져서 선회가 어려워지고 또한 멈추기도 힘들다. 반면 T값이 작아지면 선회관성 값이 작아지고 선회를 멈추기 쉽다.

마찬가지로 저항모멘트가 변하지 않는다고 가정할 때, 선회성 지수 K가 커지면 물체를 선회시키기 위한 능력(a)이 커지고, 선회성 지수 K가 작아지면 물체를 선회시키는 능력이 작아진다.

2.3 조타 이후 선회율(ROT)의 가속

$T\dot{r} + r = K\delta$ 식에서 타각(δ)에 대응하는 선회운동 변화(r)는 시간(t)의 과정으로 이해할 수 있다.

$$r = K\delta\left\{1 - e^{\left(-\frac{t}{T}\right)}\right\}$$

위 식을 기반으로 시간(t)을 x축, ROT(r)를 y축으로 하는 그래프로 나타낼 수 있으며, 타의 사용 후 시간의 경과에 따른 선회율(ROT)의 가속을 〈그림 2.1.11〉에서 보여준다.

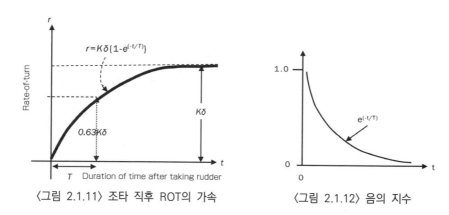

〈그림 2.1.11〉 조타 직후 ROT의 가속   〈그림 2.1.12〉 음의 지수

T〉0일 때, $e^{\left(-\frac{t}{T}\right)} = 0$에 수렴하여 $r = K\delta$가 된다. $K\delta$가 일정한 값에 도달할 때 선박은 일정한 선회운동을 시작한다.

2.4 추종성 지수(T)의 정의

$$t = T일 \ 때, \qquad r = K\delta\left\{1 - e^{\left(-\frac{t}{T}\right)}\right\} = K\delta\{1\text{-}e^{(-1)}\} = K\delta(1\text{-}0.368) = 0.63K\delta$$

위 식을 통해 추종성 지수(T)는 정상 선회운동의 63%에 도달하기까지의 시간으로 정의된다. T의 무차원 값(T′)은 $T \cdot \dfrac{V}{L}$로 표현된다. V와 L은 각각 선박의 속력과 길이이다.

추종성 지수(T)는 조타로 인해 선회가 얼마나 빨리 시작하고, 정상 선회가 이루어 질때까지의 시간을 제어하는 요소이다. T가 작아지면 조타에 대한 선박의 선회반응이 빨라지고, 정상 선회에 빨리 도달할 수 있으므로 조선자는 조타 성능이 좋다고 느낀다. 따라서 타의 추종성 지수는 조타에 따른 선회반응의 신속함을 평가하는데 쓰인다.

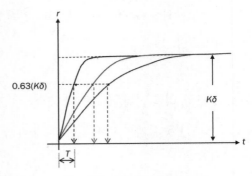

〈그림 2.1.13〉 정상선회가 이루어질 때까지의 T의 크기와 시간

2.5 선회성 지수(K)의 정의

충분한 시간(t)이 경과하면 $e^{\left(-\frac{t}{T}\right)}$가 '0'이 되므로 특정 고정값 'r'을 가지며 정상선회를 시작한다. 정상 선회 상태에서의 선회율(ROT)을 'r*'라고 할 때 다음과 같다.

$$r^* = K\delta$$

$$K = \frac{r^*}{\delta}$$

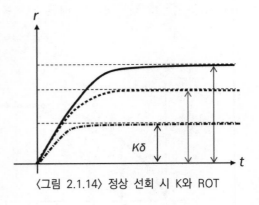

〈그림 2.1.14〉 정상 선회 시 K와 ROT

위 식에서 선회성지수(K)는 정상 선회 중 일정한 조타각에 대한 선회율(ROT)로 정의된다. K의 무차원 값(K′)은 $K \cdot \dfrac{L}{V}$로 표현되고, V와 L은 각각 선박의 속력과 길이이다.

선회성 지수(K)는 선박이 타 사용 이후 정상 선회 하에서 선회율(ROT)을 제어하는 요소이다. 〈그림 2.1.14〉는 K값에 따른 선회율(ROT)과 시간간의 관계를 보여주고 있다.

K값이 커지면 선회관성은 커지고 결과적으로 작은 선회경을 가진다. 이 경우 조선자는 조타 성능이 좋다고 느낀다. 따라서 K는 선박의 선회관성모멘트의 크기를 평가하는데 사용된다.

2.6 실선의 조종성 지수

T와 K는 선박마다 다를 수 있다. 그래서 선박간의 조타 반응 특성을 이러한 지수로 평가하려 한다면 무차원 값을 사용해야 한다. 일반적인 선박은 T′와 K′가 1.0 정도이고, 반면 비대한 선박의 T′는 1.5~2.5 정도, K′는 4~5 정도이다.

T와 K는 선박 조종운동에 대한 선형방정식에 기초를 둔 ZIGZAG 조종 테스트 결과 분석을 통해 확인 가능하다. 작은 타각에 의한 테스트 결과 T′와 K′ 값은 커지는 경향이 있다. 반면에 큰 조타각을 사용한 테스트 결과 T′와 K′ 값은 작아지는 경향이 있다. 따라서 15°~20° ZIGZAG 실험 결과로부터 도출된 값이 일반적으로 사용되고 있다. 그리고 선박이 크면 T′와 K′ 값이 커지는 경향이 있다.

〈그림 2.1.15〉는 한바다호를 대상으로 좌현으로 전타하여 조종성 지수를 산출한 것이고, 〈표 2.2.1〉은 한바다호와 타 선박의 조종성 지수를 비교한 것이다. K′가 크면 각속도가 커지므로 선회가 빠르고, T′가 작으면 선체는 조타에 빨리 대응하게 되어 선회성이 우수함을 의미한다. 한바다호는 다른 선박과 비교하여 조타에 빨리 대응하는 능력이 다소

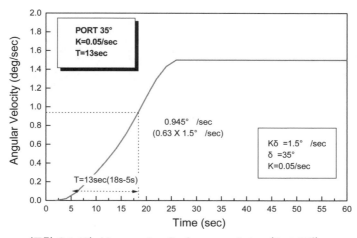

〈그림 2.1.15〉 Maneuvering Performance Index (Port 35°)

〈표 2.2.1〉 Comparison of Maneuvering Performance Index

선 종	속력 (Knot)	K	T	K'	T'	타 각(δ)
화물선 발라스트	17.2	0.04	11.0	0.69	0.64	15°
화물선 발라스트	15.7	0.05	6.9	0.71	0.49	15°
철도연락선 반재	15.0	0.03	7.0	0.44	0.48	15°
철도연락선 반재	14.5	0.10	22.5	1.49	1.51	15°
실습선	10.0	0.05	13.6	0.89	0.76	20°
실습선	10.0	0.04	12.0	0.72	0.67	30°
한바다호	13.0	0.10	20.0	1.56	1.28	10°
한바다호	13.0	0.06	17.0	0.93	1.09	20°
한바다호	13.0	0.05	13.0	0.78	0.83	35°

* 비교자료 출처 : 선박조종의 이론과 실무(윤, 2002)

떨어지나(T'가 상대적으로 큼), 일단 선회가 시작되면 빠른 각속도로 선회하는 능력이 비교적 우수한 것으로 평가된다(K'가 상대적으로 큼). 따라서, 한바다호의 경우 선회과정에서 선회경은 다소 작아질 수 있으나, 전진거리(종거)가 길어질 수 있으므로 전방의 위험물 회피에 주의가 요구된다고 볼 수 있다.

3. 선회운동에 대한 특징

3.1 조타반응 시간과 T의 관계

선박이 직진하는 동안 타를 돌리면 어느 정도 시간이 지난 후 선박이 선회하기 시작한다. Midship 상태로부터 타가 일정시간(τ) 동안 작동하여 δ°만큼 작용했을 때, 경과시간(t)에 대한 선수방위의 변화(ψ)는 선박조종운동 선형 방정식에서 구할 수 있다.

$$\psi(t) = K\delta_0 \left\{ t - \left(T + \frac{\tau}{2}\right) + \frac{T^2}{\tau(e^{\frac{\tau}{T}} - 1)} e^{\left(-\frac{\tau}{T}\right)} \right\}$$

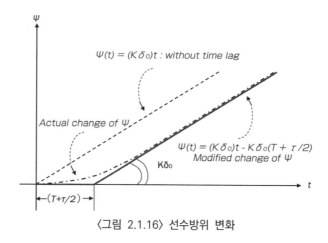

〈그림 2.1.16〉 선수방위 변화

그래프에서 선수방위 변화(ψ)는 기울기가 $K\delta_0$인 실선으로 나타난다. 만약 조타 후 단계적인 선수방위의 변화가 대략 진한 실선과 같이 나타난다면, 선박은 $(T+\frac{\tau}{2})$동안 직진한 후 기울기가 $K\delta_0$인 선과 같이 정상 선회를 시작한다.

$(T+\frac{\tau}{2})$의 시간을 조타반응 지연시간(time lag of responsiveness to the helm)이라 하고, 이 시간 동안 진행한 거리를 reach라고 한다.

$$Reach = V(T+\frac{\tau}{2})$$

반응까지의 지연시간과 Reach는 추종성지수(T)에 달려있다. 결과적으로 조타에 반응하는 지연시간과 그 결과에 해당하는 Reach는 추종성지수(T)가 작아서 조타에 대한 반응이 좋으면 작아진다.

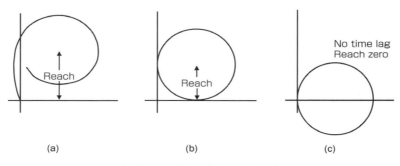

〈그림 2.1.17〉 직진구간과 선회권

위의 〈그림 2.1.17〉은 직진 구간과 정상 선회 구간으로 구성된 선회권을 보여주고 있다. 직진하고 있는 선박의 타를 돌렸을 때 일정 시간 동안 직진한 후 정상선회를 시작할 것이다. 〈그림 2.1.17〉 (a)는 선회하는 선박의 실제 선회권을 보여준다. (b)는 일정한 거리만큼 직진한 후 정상 선회하는 경우이다. (c)는 타를 돌리자마자 선박이 정상 선회하는 경우이다.

3.2 선회권의 반경과 K의 관계

각속도(w)는 $\dfrac{V}{R}$로 나타낼 수 있고, 선박의 정상 선회운동에 이 식을 적용할 수 있다.

$$K\delta = \frac{V}{R}$$

$$R = \frac{V}{K\delta}$$

K 값이 크고 선회능력이 좋은 선박일수록 작은 선회반경으로 선회할 수 있다. 그리고 정상 선회운동에서 ROT에 해당되는 $K\delta$는 〈그림 2.1.16〉에서 두꺼운 실선의 경사도에 해당한다. 경사가 크다는 것은 ROT가 크고, 선회권의 반경이 작아짐을 의미한다.

3.3 선회경에 대한 T와 K의 영향

추종성 지수(T)와 선회성 지수(K)의 크고 작음에 따라 4가지 패턴으로 나눌 수 있다.
일반적으로 고속선이면서 날렵한 형태의 선박은 조타 반응이 빠르지만 선회성이 나빠 (b)형태에 속하고, 반면 비대한 형태의 선박은 조타 반응이 느리지만 선회성이 우수하여 (c)형태에 속한다.

(a) 작은 'T'(추종성 우수) / 큰 'K'(선회성 우수)
(b) 작은 'T'(추종성 우수) / 작은 'K'(선회성 열등)
(c) 큰 'T'(추종성 열등) / 큰 'K'(선회성 우수)
(d) 큰 'T'(추종성 열등) / 작은 'K'(선회성 열등)

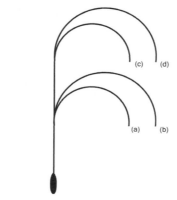

〈그림 2.1.18〉 'T'와 'K'의 결합에 의한 선회권 패턴

4. 직진성

4.1 안정적인 침로 유지

조타의 궁극적인 목적은 침로유지, 침로변경, 충돌회피이다. 이러한 운용 중에서 침로변경과 충돌 회피를 하기 위해서는 선회능력에 따라 필요한 만큼 선박을 쉽게 선회시키는 것은 조선자에게 매우 중요하다. 그리고 의도한 대로 선박의 침로를 일정하게 유지하는 능력도 중요한데 이를 위해 직진으로 나아가는 능력이 요구된다.

쉽게 선회하고 정지할 수 있는 선회 관성이 작은 선박의 선수방위는 외적 교란의 영향을 쉽게 받는다. 그러나 이러한 선수방위의 편차는 반대타 사용(checking rudder)으로 쉽게 만회할 수 있다. 이러한 것은 추종성 지수(T)가 작은 선박의 특성이다. 이와 같이 추종성 지수(T)가 작은 선박은 침로를 유지하는 능력이 좋다. 반면, 선회 관성이 작기 때문에 선박은 외력의 영향에 의해 침로 유지가 쉽지 않으므로 지속적인 침로 유지 노력이 요구된다.

4.2 신속한 침로 유지

(1) 침로 안정성(course stability)

변침 또는 충돌을 회피하는 조타과정에서 일반적으로 일정한 선회 관성이 생기면 타를 중앙으로 되돌린 다음 선회 관성이 줄어들 때까지 기다린다. 그런 다음 새로운 침로에 정침하도록 다시 타를 사용하거나 조정한다. 이 때 선회관성이 줄어들 때까지 걸리는 시간은 선박에 따라 다르다. 선박을 선회시킨 후 새로운 침로에 신속하게 정침하도록 하는 특성은 조타로 초기 선회 관성을 얼마나 빨리 만드느냐에 달려있다.

직진하는 선박의 선수방위가 외적 교란의 영향이 제거된 후 선회 관성이 얼마나 빨리 줄어드는가 하는 특성이 침로 안정성(course stability)이다.

외적 교란이 제거된 후 원래 침로에 빨리 정침할 수 있는 선박은 침로안정성이 좋은 선박으로 평가된다. 타를 Midship으로 놓은 선박에 ROT가 있는 상태라고 가정할 때, 그 이후 ROT가 어떻게 줄어드는가를 다음 식에서 유추할 수 있다.

$$T\dot{r} + r = 0$$

$$r = r_0 e^{(-\frac{t}{T})}$$

이 식에서 'r_0'는 외력에 의해 생성된 ROT(rate of turn)를 나타낸다.

T의 값이 작아질수록 지수부분이 작아져서 ROT가 '0'에 가까워지며, T의 값이 커질수록 감쇠가 더 느려진다. 즉 침로 안정성은 이러한 추종성에 상응한다.

종종 외력이 제거되었음에도 불구하고 선회 관성이 증가하는 선박이 있는데 이는 침로 안정성이 나쁜 경우이다(T<0).

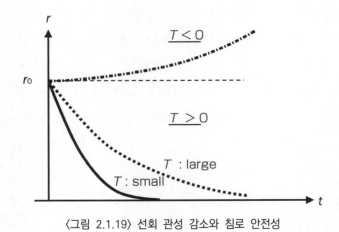

〈그림 2.1.19〉 선회 관성 감소와 침로 안전성

(2) 타를 Midship으로 돌린 후 Overshoot angle

타를 Midship으로 돌린 후 선회 관성은 줄어들며, 이 때 발생하는 Overshoot angle(φ)은 다음 식으로 나타낼 수 있다.

$$\varphi = r_0 T \left\{ 1 - e^{\left(-\frac{t}{T} \right)} \right\}$$

't'가 무한대일 때, Overshoot angle은 다음과 같다.

$$\varphi = r_0 T$$

Overshoot angle은 ROT에 따라 결정되고, 추종성이 우수할수록 작은 Overshoot angle을 얻을 수 있다. 조선자가 선박을 조선하기에 앞서 선박의 선회 관성에 관한 특성을 확인하는 것은 중요하다.

(3) 반대타를 사용한 후 Overshoot angle

변침 또는 충돌 회피를 위한 조타에서 선회 관성을 감쇠시켜 의도된 침로에 빠르게 정침하기 위해 정침 전 반대타(checking rudder)를 조금 사용한다.

반대타 사용 후 선회가 멈출 때의 Overshoot angle은 r(t)가 '0'이 될 때까지의 시간 동안 선회관성을 감쇠시키는 것이다. 다시 말하자면, Overshoot angle은 반대타를 사용하여 선회가 멈추는 시간을 통해 다음 식을 유추할 수 있다.

$$r(t) = r_0 e^{\left(-\frac{t}{T} \right)} - K\delta_0 \left\{ 1 - e^{\left(-\frac{t}{T} \right)} \right\}$$

t : time duration after checking the rudder
r_0 : rate of turn at the time when checking rudder was taken
δ_0 : checking rudder angle
T : index of responsiveness to the helm
K : index of turning ability

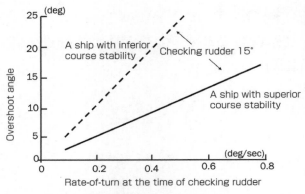

〈그림 2.1.20〉 반대타에 의한 overshoot angle의 제어

그래프는 15° 반대타를 사용 후 Overshoot angle과 ROT와의 관계를 보여주고 있는데, X축은 반대타를 사용한 시점의 ROT를 나타내고 Y축은 반대타를 사용한 후 Overshoot angle을 나타낸다. 그래프에서 직선은 침로 안정성이 우수한 선박을 나타내고, 점선은 침로 안정성이 나쁜 선박을 나타낸다. 예를 들면, 반대타를 사용한 시점에 ROT가 0.5/sec인 경우, 침로 안정성이 우수한 선박은 반대타 15°에 대하여 Overshoot angle이 약 10°이고, 반면 침로 안정성이 나쁜 선박은 반대타 15°일 때 Overshoot angle이 약 25°에 이르게 된다.

조선자는 선박을 조선하기에 앞서 반대타를 사용한 후 Overshoot angle에 대한 특성을 잘 알고 있어야 한다.

Chapter 3. 타의 작동에 의한 선체의 운동

1. 타 작동 후 선회운동

1.1 선회권(Turning circle)

〈그림 2.1.21〉은 직진 상태의 선박이 일정한 타각에 의해 선회할 때 선박의 무게중심에 의해 그려진 항적이다. 타가 작동된 후 선수방위가 변하면서 선회를 시작한다. 선수가 360° 회두하면 선체 또한 360°의 항적을 그린다. 선박 무게중심의 이러한 360° 선회 궤적을 선회권(turning circle)이라고 한다.

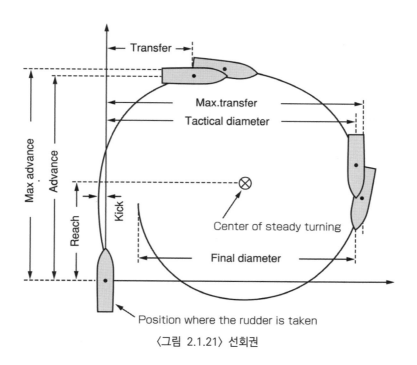

〈그림 2.1.21〉 선회권

1.2 선회권의 요소

선회권은 3가지로 구성되는데 종거(advance), 횡거(transfer), 선회경(tactical diameter)이다. 이는 선박의 선수방위의 회전각과 관련하여 정의되고, 조선자가 선박의 선회 특성을 평가하는데 중요한 요소이다.

- Advance: 전타를 시작한 지점에서 선수가 90° 회두했을 때까지의 선체의 종방향 거리
- Transfer: 선박의 원침로상에서부터 선수가 90° 회두했을 때의 선체의 횡방향 거리
- Tactical diameter: 선박의 원침로상에서부터 선수가 180° 회두했을 때까지의 선체의 횡방향 거리
- Final diameter: 선박의 일정한 선회권의 직경

1.3 선회권의 크기에 영향을 미치는 요소

선회권의 크기는 타각, 선종, 선박의 적재 상태, 수심과 흘수의 비율에 따라 달라진다. 이러한 요소들이 선회경에 미치는 영향은 다음과 같다.

(1) 타각

천수의 영향이 없는 충분한 수역에서 선박이 타를 15° 사용할 때에 비해 타를 35°로 사용할 때 선회경은 약 2/3 정도로 감소한다. 이렇게 작은 선회경으로 회전이 가능한 이유는 큰 타각을 사용함에 따라 타력계수(a)가 커져 선회성 지수(K)가 커지기 때문이다.

(2) 선형

선박이 깊은 수심에서 35°의 타각으로 선회할 때, 비대한 선박(C_b가 0.83인 VLCC)의 선회경은 약 3L 정도인 반면에 날씬한 선박(C_b가 0.52인 PCC)은 4.5L에 이르러 비대한 선박에 비해 선회권이 크다. 이것은 선폭에 비하여 선체의 길이가 긴 선형은 물의 저항 모멘트계수(b)가 커져 선회성 지수(K)가 작아지기 때문이다.

(3) 선박의 적재 상태(흘수)

만재상태에서보다 공선상태에서 선회가 비교적 수월하다. 왜냐하면 선박의 흘수 감소로 인하여 물에 대한 저항이 줄어들기 때문이다. 비록 이러한 영향의 정도는 타각, 선종과 선박의 크기에 따라 달라질 수 있지만, 공선상태에서의 VLCC의 선회경은 만재 상태일 때와 비교하여 10~20%까지 줄어든다.

(4) h/d의 영향

수심과 흘수의 비(h/d)가 1.3인 천수 구역에서는 선회경이 수심이 깊은 곳보다 두 배 증가한다. 이것은 회두할 때 수심 감소에 따라 물의 저항(b)이 증가하여 선회성 지수(K)가 작아지기 때문이다.

(5) 트림의 영향

선미트림 상태에서는 선회경이 커진다. 이는 선회 중 저항 작용점이 선미쪽으로 이동하여 선회성능이 감소하기 때문이다. 반대로, 선수트림 상태에서는 선회경이 작아진다.

트림에 의한 영향은 타각과 트림의 크기에 따라 달라질 수 있으며, 1~2%의 트림에서 10~20%의 선회경이 달라질 수 있다.

(6) 선속의 영향

선속의 영향에서, $K' = K\dfrac{L}{V}$, $R = \dfrac{V}{K\delta}$ 이므로, $R = \dfrac{L}{K'\delta}$ 의 식이 유추된다. 이 식으로부터 정상 선회경(R)은 선속(V)과 관계가 없다는 것을 알 수 있다. 선회경은 극히 저속이거나 고속의 경우를 제외하고 정상적인 선속인 경우 크게 영향을 미치지 않는다.

2. 선미킥(stern kick)

타를 작동하면 무게중심에 작용하는 타의 양력은 선박을 이동(drift)시킨다. 조타 초기 단계에서 선박의 선수방위는 회전을 시작하고 양력의 영향으로 선체는 횡방향으로 이동한다. 선박의 원침로로부터 무게중심의 이동 거리를 킥(kick)이라고 부른다. 선속과 타각이 커지면, 타에 작용하는 양력이 증가하여 킥도 증가한다. 물에서 이동하는 선박의 저항이 작아지면, 선박의 무게중심의 킥은 커진다. 선박의 킥은 일반적으로 선박 길이의 2~4% 정도이다.

〈그림 2.1.22〉는 킥이 최대가 될 때의 선박의 원침로와 선수방위 사이의 관계를 보여준다. 선미킥(stern kick)은 원침로로부터 선미가 바깥쪽으로 밀려난 것을 말한다. 선미킥은 킥의 크기와 선수방

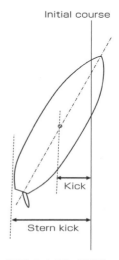

〈그림 2.1.22〉 선미킥

위의 관계에서 측정할 수 있다. 선미킥의 크기는 일반적으로 선박 길이의 10~13%(1/8L~1/10L) 정도이다.

조종하는 방향의 반대 방향에 부두, 부표, 그밖에 다른 장애물이 존재할 때, 선미킥으로 인해 이들과 충돌하지 않도록 각별한 주의가 필요하다. 그러나 물에 빠진 사람이 프로펠러에 의해 다치지 않도록 사람이 빠진 쪽으로 타를 돌리거나, 가까이에 있는 부유체를 피하기 위해 부유체 쪽으로 타를 돌려 킥의 영향을 유용하게 이용할 수도 있다.

선미킥이 최대로 되는 시점은 선수방위가 5~10° 정도 돌아갔을 때이다. 선미킥의 크기와 타가 작동된 이후 시간 사이의 관계를 보면 비록 선속에 따라 달라진다 할지라도 선미킥의 최대가 되는 시점은 조종성이 좋을 경우 타가 작동된 후 40~60초이고, 조종성이 좋지 않을 경우에는 90초에 이른다. 저속일 때, 조종성이 좋은 경우 1.5~2배가 길어지고, 조종성이 좋지 않은 경우 2~3배가 된다. 즉, 조선자는 킥의 영향을 최대한 이용하기 위해서 사전에 선수방위의 변화, 시간의 경과, 선미킥에 대해 잘 알고 있어야 한다.

3. 편각(Drift Angle)

편각(drift angle)이란 선박의 선수미선과 선체 주변의 해류 방향 사이의 각도를 의미한다. 선박이 선회할 때, 선체 각 부분의 속도 벡터와 반대 방향에서 오는 해류는 선박의 종방향 지점에 따라 다양한 각도로 선체에 충돌한다. 일반적으로 편각은 선박의 선수방위와 무게중심에서의 Current 방향과의 각도를 말한다.

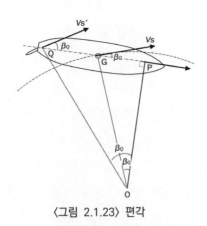

〈그림 2.1.23〉 편각

〈그림 2.1.23〉은 각 지점에서의 편각을 보여준다. 'O'는 선회권의 중심이고, 'P'는 선회

권의 중심으로부터 선수미선에 내린 수선의 발, 'G'는 선체 무게중심, 'Q'는 선미에 근접한 점이다. 그리고 그 점에 작용하는 편각을 각각 'β_p', 'β_G', 'β_Q'라고 하며, 다음과 같은 식으로 나타난다.

$$\beta_p = \tan^{-1}(\frac{0}{OP}) = 0$$

$$\beta_G = \tan^{-1}(\frac{GP}{OP})$$

$$\beta_Q = \tan^{-1}(\frac{QP}{OP})$$

위의 식에서 알 수 있듯이, 선체에 부딪히는 해류의 각도가 선미에서 가장 크다. 선체는 해류를 양쪽에서 받는다. 선수는 안쪽으로 선회하고 선미는 바깥쪽으로 선회함으로써 P점에서부터 선수까지는 해류가 안쪽에서 오고, P점에서 선미까지는 해류가 바깥쪽에서 온다. 그러므로 P점을 기준으로 앞뒤로 ±β의 편각이 형성된다.

선회 성능이 우수한 비대한 선박은 편각이 커서 깊은 수심에서 전타할 때 편각이 20~25° 범위이지만 날렵한 선박은 편각이 10~15° 범위로 줄어든다. 그리고 수심과 흘수의 비(h/d)가 1.3인 천수구역에서는 편각이 몇 도 정도로 급격히 줄어드는데, 이는 천수의 영향(shallow water effect)으로 높은 물의 저항이 생겨 선회가 어려워지기 때문이다.

4. 속력 감소

타를 돌렸을 때, 선회운동이 진행됨에 따라 선속이 감소한다. 선회하면서 선속이 감소되는 이유는 3가지이다.

첫째는 프로펠러 영향의 감소(decline of propeller effect)이다. 이는 선회가 진행됨에 따라 프로펠러 입사류의 입사각이 증가하고 프로펠러 배출류의 효과가 감소하기 때문이다.

둘째는 타판에 작용하는 항력 때문이다.

셋째는 선회할 때 증가하는 선체 저항 때문이다. 선체에 작용하는 저항은 선박이 직진할 때보다 선회 할 때 증가하는데, 이는 유체(current)를 비스듬하게 받아 형상 저항이 증가하기 때문이다. 게다가 선박의 무게중심에 작용하는 선회 운동의 원심력이 전진 저항의 일부로 작용하기 때문이다.

〈그림 2.1.24〉에서는 전타 후 선회 운동에서 수심에 따른 속력 감소를 나타낸다. 속력은 선회 운동이 진행됨에 따라 눈에 띄게 감소한다. 선박의 크기와 선종에 상관없이 일직선상으로 항해할 때와 비교하여 선박이 90° 회두 하였을 때, 깊은 수심에서는 감속이 대략 65% 수준으로 나타난다. 그리고 수심과 흘수의 비인 h/d가 1.3인 천수에서는 감속이 약 85% 수준까지 나타난다.

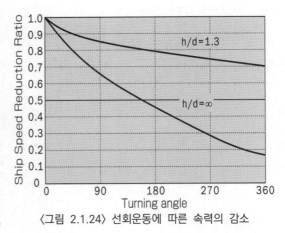

〈그림 2.1.24〉 선회운동에 따른 속력의 감소

5. 경사(Heel)

5.1 조타 직후 내방 경사

선박이 일직선으로 전진할 때 타를 'δ°'만큼 작동하면 양력(N·cosδ)이 타판에 작용한다. 선박이 'θ'만큼 기운다고 가정하면, 양력의 수평 분력은 'N·cosδ·cosθ'가 되는데 경사가 매우 작아 'cosθ≒1'가 되고, 양력은 선회모멘트로 작용하여 선박을 타가 회전한 반대편 바깥쪽으로 밀게 된다. 조타 직후에는 선체는 한동안

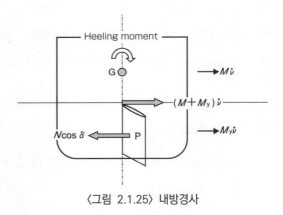

〈그림 2.1.25〉 내방경사

직진한다. 이 순간 관성력과 양력이 균형을 이루고, 다음과 같은 식이 도출된다.

$$N \cdot \cos\delta = (M + M_y)\dot{v}$$

〈그림 2.1.25〉와 같이, 시계방향의 모멘트를 양의 값으로 표현하면 선박 무게중심 주변 모멘트는 다음과 같이 나타낼 수 있다.

$$\text{Heeling moment} = N \cdot \cos\delta \cdot GP - (M+M_y)\dot{v} \times \frac{1}{2}GP$$

$$= \frac{1}{2}N \cdot \cos\delta \cdot GP \geqq 0$$

〈표 2.1.2〉 Acting forces and moment levers from G (Inward heel)

Acting force	Acting point	Moment lever from G
Horizontal component of normal force of rudder	Almost center of rudder	GP
Horizontal component of inertia force including added mass	About the mid-point between G and P	$\frac{1}{2}GP$

위 식은 양의 값이므로 선박은 조타 직후 조타한 방향쪽으로 경사할 것이다. 이를 내방경사(inward heel)라고 한다. 이 때 경사 모멘트가 복원모멘트와 같아질 때까지 선박은 경사한다.

$$W \cdot GM \cdot \sin\theta = \frac{1}{2}N \cdot \cos\delta \cdot GP$$

$$\sin\theta = \frac{N \cdot \cos\delta \cdot GP}{2W \cdot GM}$$

선박이 깊은 수심에 있는 상태에서 선속이 빨라질수록, 타각이 클수록, 그리고 선미 트림이 클수록 내방경사도 커진다. 게다가 선박의 무게중심이 높아질수록 'GM'이 작아져서 내방경사는 커진다. 하지만 상선의 내방경사는 작고 오래 지속되지 않는다.

5.2 선회 중 외방 경사

선박의 무게중심이 일정한 편각(β)을 유지하면서 원을 그리며 선회한다고 가정할 때 이 순간 타판에는 양력(N·cosδ)이 작용하고 선박 무게중심에는 원심력(E)이 작용한다.

〈그림 2.1.26〉에서 원심력의 측면성분은 E·cosβ이다. 원심력의 측면성분과 선체에 작용하는 유압력(F)이 계속 작용한다. 정상선회 동안 유압력(F)은 양력의 수평분력(N·cosδ)과 원심력의 측면 성분(E·cosβ)의 합과 균형을 이룬다.

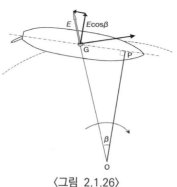

〈그림 2.1.26〉
선박 무게중심에 작용하는 원심력

$$F = N \cdot \cos\delta + E \cdot \cos\beta$$

$$= N \cdot \cos\delta + \frac{M}{R}V^2 \cdot \cos\beta$$

M: 선박의 질량   R: 정상 선회 반경   V: 정상 선회 중의 선속

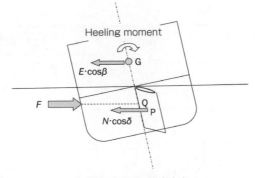

〈그림 2.1.27〉 외방경사

〈그림 2.1.27〉의 G점 주변의 모멘트에서 시계방향의 모멘트를 양의 값이라고 하면, 작용하는 힘과 작용점 사이의 관계에서 다음의 식이 유도된다.

〈표 2.1.3〉 Acting forces and moment levers (Outward heel)

Acting force	Acting point	Moment lever from G
Lateral component of centrifugal force	Ship's center of gravity	0
Horizontal component of normal force of the rudder	Almost center of rudder	GP
Horizontal component of hydraulic pressure	About 1/2 the ship's draft	GQ

$$\text{Heeling moment} = N \cdot \cos\delta \cdot GP - F \cdot GQ$$

$$= N \cdot \cos\delta \cdot GP - (N \cdot \cos\delta + \frac{M}{R}V^2 \cdot \cos\beta)GQ$$

$$= N \cdot \cos\delta(GP-GQ) - (\frac{M}{R}V^2 \cdot \cos\beta)GQ$$

$$= -(\frac{M}{R}V^2 \cdot \cos\beta \cdot GQ - N\cos\delta \cdot PQ)$$

양력의 작용점(P)과 유압력의 작용점(Q)은 매우 가깝기 때문에 이것은 'PQ≒0'으로 여겨진다. 따라서 Heeling moment의 값은 (-)가 될 것이다. 이는 조타 초기 단계와 반대로 바깥으로 경사하는 것을 의미하고 선체에 작용하는 원심력은 선회가 진행됨에 따라 증가한다. 이를 외방경사(outward heel)라 한다.

이 때 선박은 경사모멘트와 복원모멘트(W · GM · sinθ)가 같아질 때까지 경사한다. 따라서 외방경사는 다음과 같이 표현된다.

$$W \cdot GM \cdot \sin\theta = \frac{M}{R}V^2 \cdot \cos\beta \cdot GQ - N \cdot \cos\delta \cdot PQ$$

$$W = M \cdot g, \; PQ \fallingdotseq 0, \; GQ \fallingdotseq GP \text{이므로}$$

$$\therefore \; \sin\theta = \frac{V^2 \cdot \cos\beta}{g \cdot R \cdot GM} GP$$

이는 선회하는 동안 배의 속도가 빠를수록, 타의 각도가 크면 클수록 외방 경사가 커진다는 것을 의미한다. 그리고 배의 무게중심이 높아져 'GM'이 작아질수록 외방경사가 커진다.

〈그림 2.1.28〉 항공모함의 외방경사 모습

5.3 최대 외방경사(Maximum outward heel)

〈그림 2.1.29〉는 조타 후 시간이 경과함에 따라 내방경사에서 외방경사로 변하는 단계를 보여준다. 내방경사에서 외방경사로 변하는 단계에서 일반적인 경사각에 비해 외방경사각이 더 커지기 때문에 주의가 필요하다. 이와 같이 관성력에 의해 발생한 큰 외방 경사각을 최대 외방경사(maximum outward heel)라 한다. 선회 중 큰 외방경사가 발생할 때 갑자기 타를 Midship으로 돌린다면, 타력에 의해 발생한 모멘트로 인하여 외방경사가 더 증가할 것이다. 그리고 만약 타를 반대방향으로 돌린다면, 처음의 내방경사가 더해져서 외방경사는 더욱 악화될 것이다. 관성력에 의한 이러한 큰 외방경사를 예방하기 위해

서는 충분한 복원성을 갖고 저속을 유지하면서 작은 타각을 사용하여 선회해야 한다.

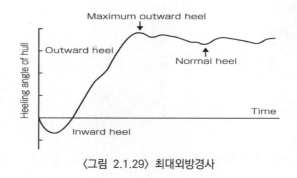

〈그림 2.1.29〉 최대외방경사

6. 전심(Pivoting point)

6.1 전심의 정의

선박이 선회할 때, 동적 운동 변화에 영향을 받지 않는 정적인 점이 선박의 선수미선 위에 존재한다. 그러한 점을 전심(Pivoting point)이라고 하고 전심을 중심으로 선박은 회전한다. 물리적으로 표현하면 선회할 때 선수미선 상의 어떤 점으로서 drift 속도와 각이 모두 '0'인 점이다.

6.2 전심의 위치

선박이 직진 중에 타를 작동하거나 예선으로 밀고 있을 때 순간적인 측면 외력(F)이 선박 무게중심(G)으로부터 떨어진 점(C)에 가해지면 충격력(S)은 다음의 식과 같다.

$$S = \int_{t1}^{t2} Fdt$$

위의 외력에 의한 'G'의 순간적인 동적 변화로 인하여, 외력과 같은 방향으로 'Δv'와 외력 모멘트와 같은 방향으로 'Δr'이 형성된다. 게다가 동적 변화는 'G'로부터의 거리에 상응해서 선체 전체에서 발생한다. 그러나 'Δv=0'인 점은 이러한 동적 변화의 영향을 받지 않는다. 그 점이 '전심(Pivoting point)'이다. 전심을 'P'라고 할 때, 'P'에 대한 동적 환경은 다음과 같이 표현될 수 있다.

$$\triangle v\text{-GP} \cdot \triangle r = 0$$

$$\triangle v = \frac{S}{M}$$

$$\triangle r = \frac{S \cdot GC}{I}$$

$$I = M \cdot k^2$$

I : 선회 관성 모멘트   M : 선박 무게   K : 선회 관성 모멘트의 회전반경

$$\frac{S}{M} - GP \frac{S \cdot GC}{I} = 0$$

$$GP \cdot GC = \frac{I}{M}$$

$$GP = \frac{k^2}{GC}$$

결과적으로 만약 직진하거나 정지 중인 선박에 순간적인 외력의 작용점을 예측할 수 있다면, 전심의 위치는 'GP'로부터 확인될 수 있다. 회전관성반경(K)을 'yawing의 관성반경'이라 한다. 화물선에서는 화물의 선수미 배치에 의해 정해질 것이고, 그 값은 일반적으로 1/4L에서 1/3L에 해당된다.

순간적인 힘이 계속 영향을 줄 때, 선박은 'v'의 속력으로 횡으로 움직이기 시작하고 동시에 선회율 'r'로 선박 무게중심 주변에서 선회한다. 선회중인 선박의 전심이 배의 횡이동 속도가 '0'인 선박의 선수미선상의 어느 지점에 있다고 할 때, 동적 상태는 다음과 같이 표현된다.

$$GP = \frac{v}{r}$$

결과적으로 전심의 위치는 직진 또는 정지상태에서 선박이 편향되고 선회로 바뀌는 변화단계에서 drift 속도(v)와 ROT(r)가 확인된다면 위의 식으로부터 구할 수 있다.

전심은 안정된 선회권의 중심으로부터 선박의 선수미선에 내린 수선의 발에 해당한다.

6.3 전심의 이동

전심은 선박이 직진하거나 정지 중일 때에는 존재하지 않는다. 외력이 가해져서 'v'와 'r'의 변화에 따라 선수미 중심선 상 어딘가에 나타난다. 운동의 진행 과정에서 유압, 원심력, 기타 다른 외력과 모멘트가 작용할 것이다. 지속 기간에 따른 외부 힘에 의한 충격력과 충격모멘트는 다음과 같이 표현될 수 있다.

$$\text{Impulse} = \sum_i \int_{t2}^{t1} F_i dt$$

$$\text{Moment of impulse} = \sum_i GC_i \int_{t2}^{t1} F_i dt$$

충격력 모멘트는 선박에 영향을 끼치는 다양한 외력 합성력의 작용점으로 나타나고, 무게중심으로부터의 거리를 'GC''라고 하면,

$$GC' = \frac{\sum_i GC_i \int_{t2}^{t1} F_i dt}{\sum_i \int_{t2}^{t1} F_i dt}$$

이 기간 동안의 운동량의 변화는 선박에 영향을 끼치는 외력의 충격력과 같기 때문에 각 운동량의 변화는 이 기간 동안 외력에 영향을 주는 충격력의 모멘트와 같다.

$$\frac{I \cdot r}{M \cdot v} = \frac{\sum_i GC_i \int_{t2}^{t1} F_i dt}{\sum_i \int_{t2}^{t1} F_i dt}$$

방정식 $I = M \cdot k^2$을 대입하면,

$$\frac{k^2}{GC'} = \frac{v}{r} = GP$$

따라서 외력이 계속해서 영향을 끼칠 때, 합성력 'GC''의 작용점에 따라 전심의 위치 (GP)는 변한다.

6.4 조타 후 전심의 위치 유추

(1) 전진 선회에서 전심의 이동

〈표 2.1.4〉 평가에 쓰이는 컨테이너선의 세부사항

선종	2,800TEU 컨테이너선	
수선간장	230.0m	
폭	32.2m	
	만재	발라스트
흘수	11.5m	6.34m
트림	등흘수	3.5m B/S
무게중심	−5.5m	−11.9m
배수량	53,875ton	25,200ton
속력 Nav. Full	21.67kts	23.74kts
속력 S/B Full	10.62kts	11.74kts

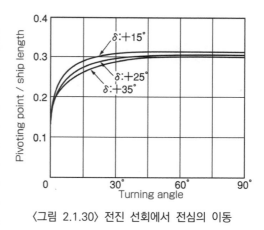

〈그림 2.1.30〉 전진 선회에서 전심의 이동

〈그림 2.1.30〉은 컨테이너선이 깊은 수심에서 항해 최대 속력으로 90°까지 선회할 때 조타각에 따른 전심의 이동을 보여준다. 〈그림 2.1.30〉에서 전심은 조타 직후 'GP=0.13L'에 가깝고, 회전이 지속됨에 따라 앞으로 이동하여 'GP=0.3L'이 되는 것을 보여준다.

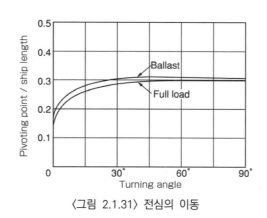

〈그림 2.1.31〉 전심의 이동

〈그림 2.1.31〉은 만재상태와 공선상태에서의 전심의 이동을 보여준다.

위 두 그림을 통해 전심의 변화는 타각, 선속, 적재상태에 의해 크게 영향을 받지 않는다는 것을 알 수 있다.

(2) 후진 선회에서 전심의 이동

컨테이너선이 만재된 상태로 깊은 물에서 3.5kts, 타각 15°, 25°, 35°로 후진 선회하였을 때 추론된 전심 이동의 결과는 〈그림 2.1.32〉에서 볼 수 있다.

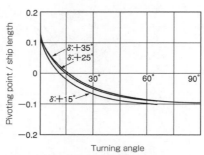

〈그림 2.1.32〉 후진 선회에서 전심의 이동

〈그림 2.1.32〉에서 전심은 조타 직후 'GP=0.13L'에 가깝고, 회전이 지속됨에 따라 선미방향으로 이동하며, 선수방위가 15°로 회전할 때 무게중심에 가까워지고, 최종적으로 'GP = -0.1L'이 되는 것을 보여준다. 후진 선회하는 경우에도 또한 전심의 이동이 타각, 선속, 적재상태에 크게 영향을 받지 않는다는 것을 알 수 있다.

(3) VLCC 경우

〈표 2.1.5〉 평가에 쓰이는 VLCC의 세부사항

선종	230,000 DWT VLCC	
수선간장	305.0m	
폭	58.9m	
	만재	발라스트
흘수	19.33m	8.17m
트림	0.03m B/S	5.38m B/S
무게중심	+8.91m	+11.64m
배수량	269,799ton	104,255ton
속력 Nav. Full	15.4kts	17.2kts
속력 S/B Full	12.1kts	13.5kts

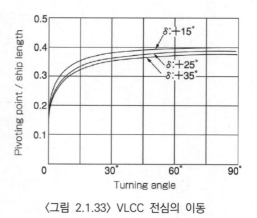

〈그림 2.1.33〉 VLCC 전심의 이동

〈그림 2.1.33〉은 DWT 23만톤의 VLCC가 깊은 수심에서 항해 최대 속력으로 90°까지 선회할 때 조타각에 따른 전심의 이동을 보여준다. 컨테이너선과 마찬가지로 VLCC의 전

심은 조타 직후 'GP=0.12L' 부근에서 나타난다. 하지만 VLCC의 전심은 정착되는데 더 많은 시간이 걸리고, 회전이 지속됨에 따라 전심이 컨테이너선보다 더 앞으로 이동하여 'GP=0.4L'에 가까워진다.

정상선회 동안 컨테이너선과 VLCC의 전심의 이동과 전심이 특정 위치에 정착하는데 필요한 시간의 차이에서, 고속의 컨테이너 선박은 조타에 대한 반응성이 빠르지만 선회능력이 저조하고, 비대한 VLCC는 조타에 대한 반응성이 저조하지만 선회능력은 우수하다는 것을 알 수 있다.

6.5 전심의 일반적 특성

$GP=\dfrac{k^2}{GC}$ 식과 관련하여,

a) 선박이 직진하거나 정지 중일 때에는 전심이 존재하지 않는다. 전심은 외력이 선체에 가해져서 선체운동의 진행에 따라 선수미 중심선 어딘가에 존재한다.

b) 전심의 위치는 외력이 가해진 지점에 따라 정해진다. 그리고 작용점이 무게중심으로부터 멀어질수록 전심은 무게중심으로부터 더 가까워진다.

c) 외력이 무게중심의 앞쪽에 가해질 때, 처음에는 전심이 무게중심의 뒤에 위치한다. 반대로 외력이 무게중심의 뒤쪽에 가해지면, 처음에는 전심이 무게중심의 앞쪽에 위치한다.

$GP=\dfrac{v}{r}$ 식과 관련하여

d) 선박이 약간 큰 횡방향 움직임을 만들면서 선회할 때, 전심은 선수미선 연장선 어딘가에 존재한다.

e) 전진선회 중 전심의 이동은 초기에 선박 무게중심 부근 전방에 나타나고, 선회가 진행되면서 점차 더 전방으로 이동한다. 높은 선회 능력을 가진 선박의 전심은 더 선수쪽에 위치한다.

f) 후진선회에서 전심은 선박의 무게중심 부근에 나타나고, 선회가 진행되면서 점차 후방으로 이동하여 선박 무게중심 뒤에 위치한다.

g) 일반적으로 전심의 이동은 타각, 선속, 적재상태, 예선의 추력 등의 영향을 크게 받지 않는다.

Chapter 4 : 조종성능 시험

1. 지그재그 시험(Zigzag Test)

추종성 지수(T)와 선회성 지수(K)는 지그재그 시험의 결과로부터 구할 수 있다.

(1) 일정한 속력으로 전진한다.
(2) 타각 δ° 사용하고 유지한다.
(3) 선수방위가 해당 타각에 도달할 때(ψ=δ°) 반대편으로 타각 δ°만큼 사용하고 유지한다. 비록 선수방위가 계속 돌아가더라도, 선수방위가 해당 타각에 도달하면 반대편으로 타각 δ°를 사용하여 유지한다.
(4) 선수방위가 해당 타각에 도달하면 반대편으로 타각 δ°을 사용하여 유지한다.
(5) 테스트는 선수방위가 원래 침로로 되돌아오면 종료된다.

위의 테스트로부터 조타각(δ°)과 선수방위(ψ)를 시간경과에 따라 나타낼 수 있다.

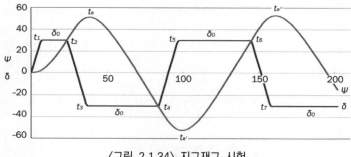

〈그림 2.1.34〉 지그재그 시험

2. Spiral Test

좋은 침로안정성을 가진 선박은 타를 Midship으로 한 즉시 선회운동이 줄어든다. 이와는 대조적으로 침로안정성이 나쁜 선박은 타를 Midship으로 하더라도 선회운동이 쉽게 줄어들지 않으며, 반대타를 사용하더라도 정침하는데 시간이 걸린다. 그러한 특성을 평가하기 위해 Spiral test를 시행한다.

2.1 테스트 방법

(1) 일정 속력으로 전진한다.

(2) 타각 δ°를 명령하고 타각을 유지한다

(3) 정상선회를 시작할 때 선회율(ROT)을 측정한다.

(4) 타각을 줄여서 유지한다. 그리고 정상선회가 시작되면 선회율(ROT)을 측정한다.

(5) 단계적으로 타각을 줄이고 (4) 단계를 반복한다.

(6) 우현에서 좌현까지 위의 절차를 다 마치면, 좌현에서 우현까지 같은 절차를 반복
한다.

2.2 침로안정성의 평가

수직축을 선회율, 수평축을 조타각으로 하는 좌표에서 조타각(δ)과 선회율(r)을 작도
한다.

〈그림 2.1.35〉(a)와 같이 δ-r 곡선이 교차점을 통과할 때 침로안정성이 우수한 것으로
평가된다. 대조적으로 반대타를 사용하였는데도 불구하고 선회관성이 천천히 줄어드는
선박은 침로안정성이 좋지 않은 것으로 평가된다.

〈그림 2.1.35〉(b)에서 'δ₁'과 'δ₂' 사이의 범위는 불안정 구간으로, 이 구간이 넓을수록
침로안정성이 좋지 않다.

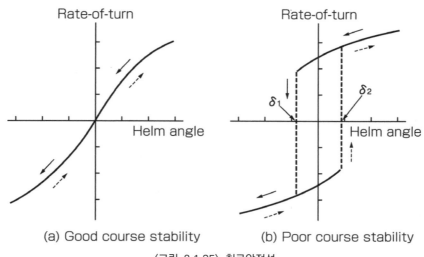

(a) Good course stability   (b) Poor course stability

〈그림 2.1.35〉 침로안정성

3. 선회 테스트

선회 테스트는 선박의 무게중심의 선회권을 확인하기 위해 일정한 타각을 사용하여 선박을 선회시키는 테스트이다. 일반적으로 선박의 궁극적인 선회능력을 측정하기 위해 선박의 최대타각을 사용하여 선박이 360° 선회할 때까지 수행된다. 이 테스트는 매우 간단하고 타각과 선속의 조합으로 다양하게 측정된다.

과거에 선회 테스트에서 선박 무게중심의 선회권 측정은 육상 물표나 부이를 사용하여 시각적 관측에 의존하였다. 그러나 오늘날에는 계속적이고 정확한 위치 확인이 가능한 GPS를 사용하면서 test의 정확도가 높아졌다.

선회 테스트로부터 선박 조종성능에 대한 중요한 정보를 얻을 수 있다. advance, transfer, tactical diameter, maximum advance, maximum transfer, final diameter와 같은 정적인 데이터뿐만 아니라 선회 운동의 진행 또는 변화, 편각, kick, 선속의 감소와 같은 동적인 데이터를 얻을 수 있다.

4. IMO 조종성 기준

IMO RESOLUTION MSC.137(76)에서 채택된 선박 조종성능 기준(STANDARDS FOR SHIP MANOEUVRABILITY)은 다음과 같다.

4.1. Turning ability

The advance should not exceed 4.5 ship lengths (L) and the tactical diameter should not exceed 5 ship lengths in the turning circle manoeuvre.

4.2. Initial turning ability

With the application of 10° rudder angle to port/starboard, the ship should not have travelled more than 2.5 ship lengths by the time the heading has changed by 10° from the original heading.

4.3. Yaw-checking and course-keeping abilities

가) The value of the first overshoot angle in the 10°/10° zig-zag test should not exceed:

① 10° if L/V is less than 10 s;

② 20° if L/V is 30 s or more; and

③ (5 + 1/2(L/V)) degrees if L/V is 10 s or more, but less than 30 s, where L and V are expressed in m and m/s, respectively.

나) The value of the second overshoot angle in the 10°/10° zig-zag test should not exceed:

① 25°, if L/V is less than 10 s;

② 40°, if L/V is 30 s or more; and

③ (17.5 + 0.75(L/V))°, if L/V is 10 s or more, but less than 30 s.

다) The value of the first overshoot angle in the 20°/20° zig-zag test should not exceed 25°.

4.4. Stopping ability

The track reach in the full astern stopping test should not exceed 15 ship lengths. However, this value may be modified by the Administration where ships of large displacement make this criterion impracticable, but should in no case exceed 20 ship lengths.

[II] Main Engine & Propeller

Chapter 1 : Main engine

1. 기관의 종류

1.1 Diesel Engine

저가의 중유를 사용하는 디젤 엔진은 상선에서 폭넓게 사용되고 있다. 디젤 엔진은 내연기관으로서 분사된 연료의 점화에 압축열을 사용한다. 연소 압력은 실린더 내부의 피스톤을 움직인다. 실린더 내에서 흡입 - 압축 - 폭발 - 배기의 사이클을 반복함으로써 피스톤은 계속해서 움직인다. 그러한 피스톤의 운동은 프로펠러 샤프트에 연결된 커넥팅 로드와 크랭크를 통하여 회전운동으로 바뀌고 프로펠러를 회전시킨다.

소형 선박에서는 주로 4행정사이클 디젤기관 사용되고 있으며, 대형 선박에서는 2행정사이클 디젤기관이 사용되고 있다.

엔진의 회전수가 100~300RPM인 엔진은 저속 디젤 엔진에 속한다. 저속 디젤 엔진은 추진효율이 좋다. 최근에는 이러한 이유로 저속 디젤 엔진을 장착한 대형선이 증가하고 있다. 오늘날 대형 컨테이너 선박에 50,000HP 이상의 저속 디젤 엔진이 장착되고 있다.

엔진의 회전수가 300~1,000RPM인 엔진은 중속 디젤 엔진에 속한다. 이러한 중속 디젤 엔진의 회전수는 감속 기어에 의해 감속되기 때문에 최적 추진 효율은 이에 달려있다. 중속 디젤 엔진은 연소가 잘 될 뿐만 아니라 가볍고 작기 때문에 여객선, 페리, RORO 선박 등 폭넓게 사용되고 있다.

예를 들면, 125RPM에 23kts 속력을 갖는 6,000TEU 컨테이너선은 42,000HP의 메인 엔진을 장착하고 있고, 컨테이너선의 5배의 재화중량을 가진 260,000DWT VLCC는 70RPM에 14kts의 속력을 갖는 28,000HP의 메인 엔진을 장착하고 있다. 컨테이너선은

VLCC의 1/5의 재화중량을 가지고 있지만 1.5배 더 큰 엔진마력을 가지고 있는데, 이는 선박에 요구되는 엔진출력은 배수량의 2/3승에 비례하고, 속력의 3승에 비례하여 증가함을 보여준다. 그래서 고속의 컨테이너선은 VLCC 보다 더 큰 엔진출력이 요구된다.

참고로, 출력의 단위는 HP나 PS대신 SI단위인 'watt'를 많이 사용한다.

$$1HP = 735.5 \ watt$$

1.2 Steam Turbine

연료소모 관점에서 스팀터빈은 디젤 엔진에 비하여 30~40% 정도 효율이 떨어진다. 그러나 최적의 추진효율을 얻기 위해 감속 기어를 사용하여 저속 디젤 엔진과 동일하게 RPM을 줄일 수 있고, 추진력이 70,000HP에 이르는 엔진을 만들 수 있다. 스팀터빈은 VLCC, 고속 컨테이너선, LNG선, 대형 여객선 등 대형선에 종종 사용되어 왔으나, 연료 가격의 급등으로 인해 많은 선박들이 디젤엔진으로 바꾸고 있다.

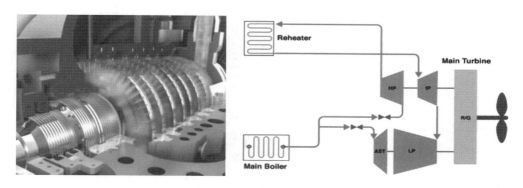

〈그림 2.2.1〉 Steam turbine

스팀터빈의 원리는 〈그림 2.2.1〉에서와 같이 보일러에서 생산된 고온 고압의 스팀을 분사하여 회전 날개와 터빈 로터를 회전시켜 감속기어를 통하여 프로펠러 샤프트에 동력을 전달함으로써 선박의 프로펠러를 회전시킨다. 에너지를 효율적으로 사용하기 위해서 보일러에서 생성된 스팀은 5,000~7,000RPM의 고압 터빈으로 먼저 보내고, 그 후 3,000~5,000RPM의 저압 터빈으로 보낸다. 스팀터빈에서는 선박이 후진할 때 로터를 반대로 회전하도록 하는 전용 터빈이 있다. 후진을 위한 터빈은 저압 터빈으로 후진 엔진이 명령되고 스팀이 분사될 때까지는 무부하 회전을 한다.

1.3 전기 추진

전기 추진은 프로펠러를 발전기로 생성한 전기에 의해 돌리는 시스템이다. 이 시스템은 토크가 좋고 제어가 쉬워 일반 상선이나 특수한 선박의 선수미 Thruster에 이용되어 왔고, 고비용과 낮은 에너지 효율 때문에 쇄빙선이나 케이블선 등 특수한 선박에서만 일부 사용되고 있다.

그럼에도 불구하고 페리 보트나 크루즈 선박은 조용하고 공간 절약형인 pod type 추진을 채택하고 있다. 최근 조사선, 실습선, 연안선과 같은 형태의 선박들도 연료소모 개선 차원에서 사용하고 있다. Pod type은 360° 회전이 가능하도록 선미에 독립적으로 설치할 수 있으므로 타 없이도 조종이 가능하고 좋은 조종성능도 기대할 수 있다.

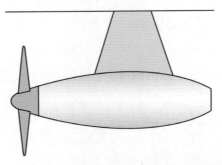

〈그림 2.2.2〉 pod propelling unit

2. 엔진 성능과 조선 특성

2.1 디젤엔진

(1) 전진과 후진의 전환

디젤 엔진에서 전진과 후진의 전환은 크랭크 샤프트의 회전방향을 바꾸는 것에 의한다. 이를 위해서는 엔진은 캠을 역전하기 위해 일단 멈춰야 한다. 일반적으로 전후진의 전환은 일정한 RPM으로 크랭크 샤프트 회전을 낮춘 후 실행되어야 한다. 이런 유형의 엔진은 압축된 제어 공기를 사용하여 비교적 높은 RPM에서도 감속이 가능하기 때문에 전환하는데 걸리는 시간과 이로 인한 전진거리는 짧다.

(2) 후진에서의 추진력

디젤 엔진은 명령을 전환하는데 비교적 빨리 반응하고, RPM도 빨리 증가한다. 게다가 강한 후진력도 가능하다(50~60%). 그러나 선박이 후진할 때 프로펠러 배출류가 선체로 인해 방해를 받아 선박이 전진할 때와 동일한 추력은 얻을 수 없다.

(3) 저속 RPM 운전

디젤 엔진은 전진이든 후진이든 연속적인 저속 RPM 항해가 불가능하다. 극미속전진(Dead slow ahead)이 5.5~6.5kts 정도인데, 이보다 더 낮은 속력이 필요할 때에는 엔진을 멈추었다가 사용하기를 반복해야 한다.

(4) Critical RPM

프로펠러 회전수가 특정한 회전 수에 도달했을 Shafting system의 고유주기 공진 때문에 선체에 극심한 진동이 발생할 수 있다. 이 때의 회전수를 critical RPM이라 하고, 이 RPM에서의 엔진 운용은 불가능 하다. Critical RPM의 범위는 일반적으로 선교에 표시되어 있다.

(5) Starting Air

디젤 엔진의 경우, 전진과 후진의 전환에서 재시동이 필요하다. 재시동을 위해서는 압축공기가 필요한데, 재시동을 자주 반복하게 되면 압축공기를 전부 소진할 수 있으므로 주의해야 한다.

2.2 Steam Turbine
(1) 전진과 후진의 전환

스팀 터빈의 경우 전진에서 후진으로 전환할 때, 전진 터빈의 스팀은 일단 중단되어야 하고, 로터의 회전 관성이 줄어들 때까지 후진 엔진에 스팀을 공급하면 안 된다. 스팀 터빈의 고속 회전수로 인해 로터의 관성이 크기 때문에 로터 관성이 줄어들기까지 시간이 많이 소요된다. 따라서 스팀 터빈이 장착된 선박은 디젤 엔진이 장착된 선박에 비하여 전진과 후진 전환 시 더 많은 시간이 소요되어 전진거리가 길어진다.

(2) 후진에서의 추진력

후진 전용 터빈은 전진 중 공회전으로 인한 에너지 손실을 최소화하기 위해 매우 작게 만들어진다. 후진 추력은 전진 추력의 절반 정도이다.

(3) 저속 RPM 운전

스팀 터빈에서는 스팀 공급을 서서히 증가시키기 때문에 전진과 후진 회전 수와 추력이 빨리 올라가지 않는다. 게다가 저속 RPM의 유지가 가능하기 때문에 매우 저속에서 연속적인 항해가 가능하다. 따라서 스팀 터빈 선박은 디젤 엔진 선박에서 가지고 있는 Starting air와 Critical RPM에 대하여 걱정할 필요가 없다.

2.3 전기 추진

전기 모터는 RPM 증가와 감소에 대해 매우 우수한 토크 특성을 가지고 있기 때문에 저속 운전이 가능하다. 그리고 RPM을 제어하고 극성을 바꾸는 것이 쉽기 때문에 전기 추진을 하는 선박은 전후진 전환, 후진에서의 추진력, 저속 RPM 유지 등 우수한 조종 성능을 갖는다.

Chapter 2 : Propeller

1. 프로펠러의 모양

일반 상선의 프로펠러는 선미에 달려있다. 프로펠러의 구조는 Propeller Shaft, Blade 및 Boss가 결합되어 있다. 경사진 날은 선미형상과 관련이 있는데, 이러한 후면 경사를 rake라고 한다. 레이크의 범위는 10°에서 15° 사이이고, 10°의 rake를 갖는 날개는 강도 확보를 위해서 두께를 10% 이상 보강할 필요가 있다. 게다가 레이크 그 자체는 추진효율에 영향을 미치지 않으며, 선미 형상에 제한이 없다면 레이크가 없는 프로펠러가 널리 사용된다.

프로펠러의 날개는 선체 외판에 충격압을 줄이기 위해 회전하는 방향으로 약 10° 정도 휘어져 있다. 이를 skew back이라 한다.

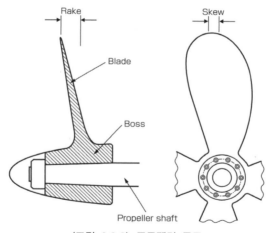

〈그림 2.2.3〉 프로펠러 구조

프로펠러의 크기는 프로펠러 끝단이 그리는 원의 직경으로 측정한다. 프로펠러 날개는 boss에 일정 각을 갖고 부착되어 있는데, 이를 Pitch angle이라 한다. 프로펠러의 1회전 동안 이동한 거리를 Pitch라고 한다. 직경(D)과 피치(P)는 프로펠러의 성능에 영향을 주는 주요 요소이다. 직경에 대한 Pitch의 비(pitch ratio)는 저속선의 경우 0.6~0.8, 고속선의 경우 1.0~1.5 정도이다.

2. 프로펠러의 종류

2.1 고정피치 프로펠러(Fixed Pitch Propeller)

고정피치 프로펠러(FPP)는 날개가 boss에 고정되어 피치 각이 변하지 않는 프로펠러이며, 널리 사용된다.

날개의 개수는 일반적으로 4~6개인데, 추진력과 배의 설계 속도를 고려하여 정해지게 된다. 대개 선미에서 봤을 때 우회전(시계방향) 프로펠러가 폭넓게 사용된다.

대부분의 상선은 한 개의 샤프트에 한 개의 프로펠러가 장

〈그림 2.2.4〉 고정피치 프로펠러

착되지만, 두 개의 프로펠러가 설치된 선박도 있다. 두 개의 프로펠러가 설치된 경우에는 두 가지 회전 배합이 있다. 하나는 우현 프로펠러는 시계방향으로 좌현 프로펠러는 반시계 방향으로 회전하는 외향 회전이고, 다른 하나는 우현 프로펠러는 반시계 방향으로 좌현 프로펠러는 시계방향으로 회전하는 내향 회전이다.

2.2 가변피치 프로펠러(Controllable Pitch Propeller)

가변피치 프로펠러(CPP)는 날개의 피치를 변화시킬 수 있는 프로펠러이다. 프로펠러 피치의 조정은 유압시스템에 의해 원격으로 이루어지며, 프로펠러 추진력은 회전 수 변화 없이 의도하는 대로 빠르게 변화시킬 수 있다. 이는 저속으로 오랫동안 항해하는 것을 용이하게 하고, 프로펠러의 회전을 거꾸로 하는 것 없이 프로펠러의 피치를 거꾸로 하는 것으로 전진에서 후진으로 전환할 수 있다.

디젤엔진 또는 스팀터빈의 경우, 정지할 때나 출발할 때 또는 전진에서 후진으로 전환할 때마다 생기는 재가동과 시간지연은 조선자에게 상당한 정신적인 압박을 준다. 이와는 다르게 CPP 선박의 조선자는 그러한 압박으로부터 자유롭다.

그러나 프로펠러 피치 각도가 '0'일 때 CPP의 disc effect 때문에 타효가 없어져서 선수 방위가 의도하지 않은 방향으로 돌아갈 때도 있다. Disc effect는 피치가 '0'인 프로펠러가 하나의 원반인 것처럼 회전하여 타로 가는 current를 막고 프로펠러 주변에 회오리가 형성되는 현상으로 타의 조종성을 저해한다. 결과적으로 선박의 침로유지능력이 상실된다.

CPP를 장착한 선박의 경우, 접안 작업 동안 프로펠러의 회전을 유지시키고, 계류삭이

프로펠러에 말려 들어가지 않도록 주의해야 한다. 게다가 사람이 선미 가까이에 빠졌을 때와 같은 긴급상황에 즉각적으로 클러치를 풀기 위한 준비와 대응이 필요하다.

2.3 비틀림 각이 큰 프로펠러

저속엔진 또는 큰 직경을 갖는 프로펠러를 사용하여 추진효율을 올리고자 할 때에는 프로펠러 상단 끝이 선저와 가까워질 때 생기는 압력변화에 의한 진동과 소음을 막는 조치가 필요하다. 일반 프로펠러 날개가 중심에서 뒤로 약 10° 정도의 비틀림 각을 갖는 반면 고비틀림 프로펠러는 그 이상 비틀림 각을 갖는다.

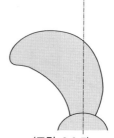

〈그림 2.2.5〉
고비틀림각 프로펠러

프로펠러 날개가 비틀어진 것은 압력변화를 분산시켜서 프로펠러 날개가 선저로 접근하는 것을 지연시킴으로써 진동과 소음을 줄이는 것이다. 비틀림 각이 큰 프로펠러는 선박의 조종성에 나쁜 영향을 주지 않고 진동과 소음을 줄일 수 있다. 게다가 공기방울이 프로펠러 표면에 생겨 부식시키는 공동현상(cavitation)을 줄일 수 있다.

2.4 이중반전 프로펠러(Contra-rotation propeller)

이중반전 프로펠러(CRP)는 하나의 프로펠러 뒤에 피치와 회전이 완전히 반대인 또다른 프로펠러를 배열한 2개의 프로펠러를 말한다.

이런 종류의 프로펠러의 목적은 추진 에너지 손실을 막기 위해 전방의 프로펠러에 의해 생긴 current의 회전을 뒤에 있는 프로펠러로 상쇄시키는 것이다.

〈그림 2.2.6〉 이중반전 프로펠러

3. 프로펠러의 추진력

3.1 전진추력과 후진추력

일반적으로, 프로펠러는 선박의 선미에 장착되고, 전진할 때 선미에서 봤을 때 시계방향으로 회전한다. 이를 right handed propeller라고 하고, 우회전 프로펠러가 장착된 선박에서 프로펠러가 물속에서 회전할 때 프로펠러 날개의 표면에 형성된 수압에 의한 반작용이 생긴다.

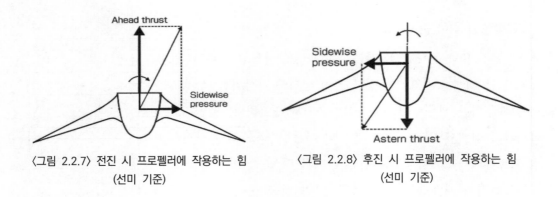

〈그림 2.2.7〉 전진 시 프로펠러에 작용하는 힘
(선미 기준)

〈그림 2.2.8〉 후진 시 프로펠러에 작용하는 힘
(선미 기준)

이 힘의 앞뒤 분력은 전진추력(ahead thrust)을 만든다. 선미를 측면으로 미는 수압의 좌우 분력은 횡압력(sidewise pressure)이라 한다. 후진을 하기 위해 프로펠러가 반대로 회전하면 프로펠러 날개의 표면에 형성된 수압의 앞뒤 분력은 후진추력(astern thrust)을 만든다. 그리고 횡압력의 방향은 배가 전진할 때 생긴 것과 반대로 작용한다.

3.2 Slip

프로펠러 피치가 'p'미터이면 선박은 프로펠러가 1 회전할 때마다 'p'미터 이동한다. 그리고 만약 회전수가 분당 'n'번이라면 이론적으로 속도는 p·n(m/min)이 될 것이다. 하지만 프로펠러가 물속에서 회전할 때 이론적 프로펠러 이동 속도와 실제 프로펠러 이동 속도 사이에 차이가 생긴다. 이 차이를 slip이라 한다.

선박의 실제 이동속도가 Vs(m/min)이면 slip은 p·n - Vs이다. 그리고 이것은 겉보기 슬립(apparent slip)이라고 한다. p·n과 Vs의 비율은 겉보기 슬립비(apparent slip ratio)라고 하고 다음과 같이 표현된다.

$$s = 1 - \frac{V_s}{p \cdot n}$$

선박이 물속에서 이동할 때 선체주변의 물은 선체가 끌고 간 것처럼 같은 방향으로 이동한다. 이것을 Wake라고 한다. 프로펠러 주변에 Wake가 존재할 때 프로펠러의 물에 대한 속도는 Wake 속도만큼 줄어든다. Wake 속도가 V_W일 때 물에 대한 프로펠러의 속도 V_P는 다음의 식과 같다.

$$V_p = V_S - V_W$$

그리고 $p \cdot n - V_p$는 실제 슬립(real slip)이라고 불리며, 실제 슬립비는 다음과 같다.

$$s = 1 - \frac{V_p}{p \cdot n}$$

〈그림 2.2.9〉는 선박의 속도, 물에 대한 프로펠러의 속도, wake, Apparent slip과 Real slip 사이의 관계를 보여준다.

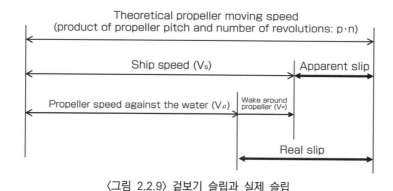

〈그림 2.2.9〉 겉보기 슬립과 실제 슬립

4. 프로펠러 current의 영향(우회전 단일 프로펠러)

4.1 Propeller current

그림은 프로펠러 전후에서의 유체(current)의 흐름을 보여준다. 프로펠러로 흘러 들어가는 흡수류(suction current)와 프로펠러로부터 배출되는 배출류(discharging current)를 통틀어 Propeller current라고 부른다.

선박이 전진할 때 흡수류는 선체에 평행으로 흐르기 때문에 흡수류의 영향은 무시해도 좋다. 그러나 선박이 후진할 때 Current는 타 후방에서 오고 흡수류가 타에 먼저 부딪히므로 타효는 증가될 것이다.

선박이 전진할 때 배출류는 프로펠러의 회전에 의해 나선형으로 가속된 Current를 형성하기 때문에 프로펠러 후방에 있는 타에 비대칭의 힘을 가하게 된다. 그와 반대로 선박이 후진할 때 선미에 같은 영향을 준다. 결과적으로 타의 작동 없이도 선박의 선회가 발생할 것이다.

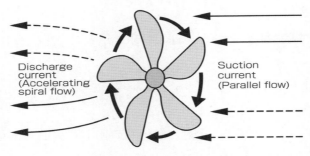

〈그림 2.2.10〉 propeller current

4.2 프로펠러 배출류에 의한 영향

(1) 전진

우회전 단일 프로펠러가 장착된 선박이 전진할 때 프로펠러에서 나온 나선형 배출류는 선미에서 봤을 때 시계방향으로 회전하는 current를 형성하며 타의 좌측 상단과 우측 하단에 부딪친다. 나선형의 배출류는 타의 우측과 좌측에 서로 다른 각도로 부딪힌다. 〈그림 2.2.11〉에서 타의 우측에서는 상부보다 하부가 강하고, 좌측에서는 상부가 더 강하기 때문에 타의 표면에

〈그림 2.2.11〉 나선형 배출류

작용하는 압력은 우측에서 좌측으로의 압력이 더 강하게 작용한다. 결과적으로 타를 Midship으로 할 때 선미는 좌측으로 선수는 우측으로 향하게 된다. 타가 충분히 깊게 잠기지 않는 공선 또는 발라스트 상태일 때, 타의 상부에 작용하는 유압력이 더 작아지기 때문에 선수가 우측으로 선회하는 경향은 더 강해진다.

(2) 후진

우회전 단일 프로펠러를 장착한 선박이 후진할 때, 프로펠러에서 나온 배출류는 반시계 방향으로 선미로 흘러간다. 반시계 방향의 나선형 current는 좌측에서는 선저를 지나며 흘러가고 우측에서는 선체에 직각에 가깝게 직접적으로 영향을 준다.

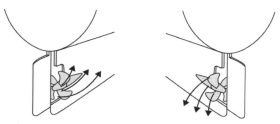

〈그림 2.2.12〉 선미에서의 프로펠러 배출류 충격의 효과

선미의 우측 선체에 작용하는 압력으로 선수방위는 우측으로 돌아간다. 이 현상을 측압작용의 영향이라 한다. 이 현상은 단일 우회전 프로펠러를 장착한 선박의 프로펠러가 반시계 방향으로 회전하면서 후진을 시작할 때 현저히 나타난다.

4.3 횡압력에 의한 영향

프로펠러가 회전할 때 물의 반작용력이 프로펠러 날개면에 수직으로 작용한다. 물의 반작용력의 전·후 요소는 각각 선박의 전진 또는 후진 추진력을 형성한다. 그리고 측면 요소는 횡압력(sidewise pressure)을 형성한다.

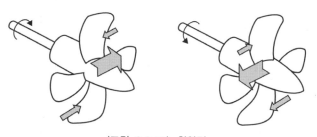

〈그림 2.2.13〉 횡압력

〈그림 2.2.13〉에서 알 수 있듯이, 선박이 전진할 때 횡압력은 상부 날개에는 좌측으로 작용하고, 하부 날개에는 우측으로 작용한다. 선박이 후진할 때는 반대로 작용한다.

선박이 전진하는 동안 프로펠러가 수면과 가까울 때, 상부 날개면의 물의 반작용력은 급기(aeration)로 인해 감소하고, 날개 하부에 작용하는 반작용력이 상대적으로 증가하여 선미를 우측으로 미는 힘이 강해서 선수방위는 좌측으로 돌게 된다. 반대로, 선박이 후진하는 동안 프로펠러가 수면과 가까울 때 선미를 좌측으로 미는 반작용력이 더 강해서 선박의 선수방위는 우측으로 돌게 된다. 이러한 현상을 횡압력 작용이라고 한다.

만약 선박이 정지해 있거나 저속으로 움직일 때 프로펠러가 아주 짧은 시간 동안 회전한다면 이 현상이 더 쉽게 발생할 것이며, 이를 Boosting이라 한다. 더욱이 타가 충분히 잠기지 않았다면 이러한 경향은 더 증대할 것이다.

5. 타와 프로펠러의 결합 효과

5.1 결합효과의 벡터 분석

선박이 전진하는 동안, 똑바로 직진하려는 선박의 관성이 매우 크기 때문에 다음의 두 가지 상반되는 효과로 인해 선수방위의 변화가 크지 않을 것이다. 하나는 프로펠러 배출류로 선수방위를 우측으로 변화시키도록 작용하고, 다른 하나는 횡압력으로 선수방위를 좌측으로 돌리려고 하는 것이다. 이와 같은 현상은 선박이 정지해 있거나 저속으로 움직이고 있을 때 두드러지게 나타난다.

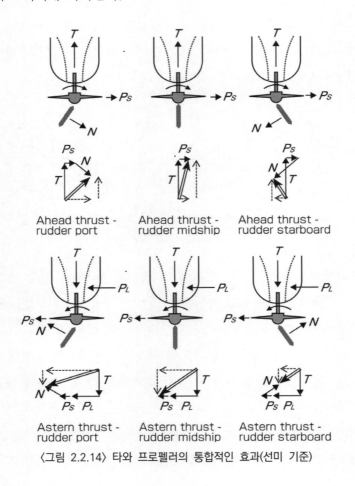

〈그림 2.2.14〉 타와 프로펠러의 통합적인 효과(선미 기준)

그러나 여기에서는 선박이 전진할 때 프로펠러 배출류의 영향이 작기 때문에 횡압력에 의한 선수방위의 영향만 고려하였다. T(전진 또는 후진 추력), F(타력), Ps(횡압력)과 P_L (선미에서 프로펠러 배출류 때문에 형성된 측압력)이 어떻게 작용하여 선수방위에 영향을 주는지 벡터의 분석을 통해 확인할 수 있다.

분석에서 영향을 주는 모든 힘의 합력을 식별하고, 선수미 방향과 횡방향 성분으로 힘을 나눈다.

그들의 크기는 선박의 전진과 후진의 관성을 비교함으로써 정의될 수 있다. 〈그림 2.2.13〉은 타각과 프로펠러 추력의 다양한 조합에서의 통합된 벡터의 분석들을 보여준다.

(1) 전진 엔진을 가동했을 때

타가 Midship이고 저속의 전진 관성이 있는 상태에서 프로펠러가 전진방향으로 돌아갈 때, 선미는 횡압력(P_s)으로 인하여 우측으로 밀려간다. 즉, 선수방위가 왼쪽으로 돌아간다. 만약 이 때 타를 좌측으로 사용하면 선수방위가 좌측으로 선회하려는 경향이 더 강해질 것이다. 대조적으로, 타를 우측으로 사용하면, 타효가 감소하거나 타에 대한 반응이 지연될 것이다. 이 효과는 프로펠러가 수면과 가까울 때 더 두드러지게 나타날 것이다. 반면, 프로펠러의 잠긴 부분이 적절하고 전진 관성이 크다면 이러한 영향은 작아진다.

(2) 후진 엔진을 가동했을 때

프로펠러가 후진으로 작동할 때, 횡압력(P_s)과 프로펠러 배출류에 의한 측압작용(P_L)은 선미를 좌측으로 밀어낸다. 무엇보다도 측압작용(P_L)의 효과로 이러한 현상이 두드러지게 나타난다. 그래서 선수방위는 타의 작용 방향에 상관없이 우측으로 돌아가는 경향을 보인다.

그러나 우현 타 적용에도 불구하고 선박의 후진 관성이 작을 때에는 이러한 효과가 작지만, 후진 속력이 커지면 타효도 증가할 것이다.

5.2 프로펠러 current를 고려한 선박 조종

(1) 직선 후진

정지 중인 선박이 Midship인 상태에서 후진하려고 할 때, 선박의 선수방위가 횡압력

(P_s)과 측압작용(P_L)에 의해서 우측으로 돌아간다. 이 힘들을 상쇄시켜 직선으로 후진하기 위하여, 〈그림 2.2.15〉에서와 같이 미리 우현으로 타를 크게 돌려놓는 것이 좋다. 그후 타판에 작용하는 흡수류와 타효를 이용하기 위하여 타각을 적절히 조정한다.

선박의 선수방위가 틀어질 때마다 타를 적절히 조절하거나 선속을 늦추어야 한다. 이것을 위해서는 타와 엔진의 세밀한 조정이 필요할 것이다.

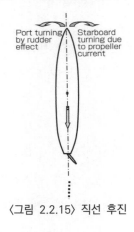

〈그림 2.2.15〉 직선 후진

(2) 제자리에서의 우측 선회

선박이 제한된 구역에서 180° 선회를 해야 할 때 우현으로 선회하는 것이 합리적이다. 왜냐하면 횡압력(P_s)과 측압작용(P_L)에 의해 회전이 향상되어 보다 쉽게 선회할 수 있기 때문이다.

(3) 제자리에서의 좌측 선회

위와 반대로, 선박이 좌현으로 선회하고자 한다면, 횡압력(P_s)과 측압작용(P_L)이 완전히 반대로 작용할 것이다. 선박은 거의 직진하거나 때때로 선수방위가 우현으로 돌아가기 때문에 제자리에서 좌현으로 선회하는 것은 어려움이 있다.

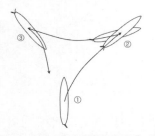

〈그림 2.2.16〉 제자리에서의 우측 선회

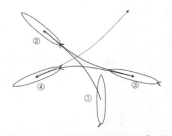

〈그림 2.2.17〉 제자리에서의 좌측 선회

(4) 좌현 접안을 위한 접근

선박이 부두에 좌현 접안 할 때, 좌현 선수로 부두에 접근하는 것이 합리적이다. 부두에 10~20도 정도의 각도를 유지하면서 접근하고, 〈그림 2.2.18〉의 ① 지점에서 엔진을 후진으로 사용한다면, 선박은 횡압력과 측압력 때문에 부두와 거의 평행하게 정지할 수 있을 것이다.

(5) Mooring Buoy로 접근

선박이 Buoy를 우현 선수에 두고 침로를 유지하면서 접근할 때, 〈그림 2.2.19〉의 ① 지점에서 엔진을 후진으로 사용한다면 선박은 선수 바로 아래에 있는 Buoy를 보면서 멈출 수 있을 것이다.

(6) 우현 접안을 위한 접근

선박이 부두에 우현 접안 할 때, 만약 〈그림 2.2.20〉의 ① 지점에서 엔진을 후진으로 사용한다면 횡압력과 프로펠러 배출류에 의한 측압작용으로 인해 선수방위가 부두쪽으로 향하고 선미가 부두에서 멀어지기 때문에 주의가 요구된다. 이와 같은 역효과를 피하기 위해서 약한 후진에도 멈출 수 있는 선속을 유지하면서 가능한 부두에 평행하게 접근하는 것이 바람직하다.

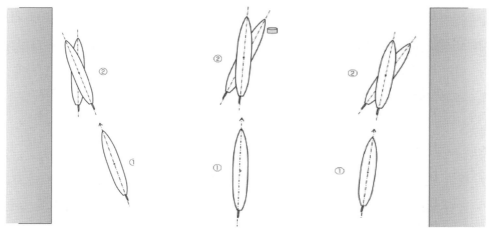

〈그림 2.2.18〉 좌현 접안을 위한 접근 〈그림 2.2.19〉 mooring buoy로 접근 〈그림 2.2.20〉 우현 접안을 위한 접근

6. 쌍추진기선의 프로펠러 current 효과

6.1 프로펠러 한 개는 전진, 한 개는 후진

쌍추진기선은 횡압력(Ps)과 측압작용(PL)으로 인한 선수편향이 서로 상쇄되어 직선으로 전진 또는 후진을 할 수 있다. 쌍추진기의 경우, 바깥 선회가 더 보편적인데 이는 두 프로펠러에 부유물이 빨려 들어가는 것을 방지할 수 있고, 프로펠러 배출류 효과를 이용하는데 유용하다. 예를 들면 우현으로 선회할 때, 좌현 프로펠러를 전진으로 두고 우현 프로펠러를 후진으로 둔다면 횡압력과 측압작용으로 선미를 좌측으로 밀게 된다. 결과적으로 우현 선회가 향상되는 것이다. 좌현으로 선회할 때에도 두 개의 프로펠러를 반대로 회전시키면 같은 효과가 나타난다. 그러나 안쪽으로 선회하는 쌍추진기선은 이와 같은 효과가 작다.

6.2 쌍추진기선의 선박 조종

(1) 제자리에서의 선회

만약 두 개의 프로펠러가 서로 다른 방향으로 회전한다면, 선박은 제자리에서 선회할 수 있다. 이러한 조종 특성이 단추진기선과의 차이이다.

(2) 부두 접근

쌍추진기선은 접안 방향에 상관없이 부두 접근이 쉽다. 우선, 부두에 10~20도 각도를 유지하면서 저속으로 접근하고, 부두 전면 적정거리에서 두 개의 프로펠러를 후진 작동한다. 만약 부두와 어느 정도 각도가 남아 있다면, 부두와 평행해질 때까지 부두에서 먼 프로펠러를 후진으로 하거나 부두와 가까운 프로펠러를 전진으로 작동한다.

(3) 두 개의 차별화 된 프로펠러 추력의 활용

두 개의 프로펠러는 선수미 방향에 대칭으로 설치되어 있다. 그러므로 두 개의 프로펠러가 독립적으로 사용된다면 각각의 프로펠러 추력은 회전 모멘트를 형성한다. 두 프로펠러의 추력이 서로 같다면 상호간의 모멘트는 상쇄되어 선박이 직선으로 전진 또는 후진 할 수 있다. 만약 두 프로펠러의 추력이 서로 다르다면, 선박은 추력의 차이에 따라 어느 한 쪽으로 선회할 것이다. 이러한 특성을 바람이나 해류의 영향을 없애는데 활용가능하고, 조타시스템의 문제 등 위험을 피하는데 활용 가능하다.

6.3 타 개수에 따른 쌍추진기선의 타효

2개의 타를 장착한 쌍추진기선은 각 프로펠러 배출류가 직접적으로 각 타에 보내지기 때문에 타효가 좋을 것이다. 반대로 1개의 타를 장착한 쌍추진기선은 타에 직접적으로 영향을 끼치지 않기 때문에 상대적으로 전자에 비해 타효가 약할 것이다.

Chapter 3 : 선속과 타력

1. Speed

1.1 추력(Thrust)

(1) 추력 방정식

선박은 프로펠러 날개의 회전으로 인한 배출류의 반응력으로 움직인다. 선박을 움직이기 위해서는 추력이 선체에 작용하는 유체 저항과 같아질 때까지 선속은 증가되어야 한다. 다시 말해서, 선박이 진행 중에 추력이 감소하면 추력과 선체에 작용하는 유체 저항이 균형을 이루는 지점까지 선속은 점차적으로 감소한다.

프로펠러에 의해 형성된 선박의 전진 추력은 프로펠러 직경(D), 프로펠러 회전 수(n), 물의 밀도(ρ) , 추력 계수(K_T)를 이용하여 다음과 같이 표현된다.

$$T = K_T \cdot \rho \cdot n^2 \cdot D^4$$

위의 식에서, 추력계수(thrust coefficient)는 모형 프로펠러의 수조 실험으로부터 유도된다. 이 실험에서 프로펠러 추력은 다양한 속력에서 계측된다. 실험 결과로부터 프로펠러 특성 곡선이 그려진다. 게다가 토크 계수와 프로펠러 효율 곡선을 구할 수 있다. 비록 추력계수가 프로펠러의 크기, 피치, 날개 수에 따라 달라지지만 개략적인 값은 Slip ratio가 0.2일 때 0.15~0.2이고, Slip ratio가 0.4일 때 0.2~0.35, Slip ratio가 0.6일 때 0.3~0.35 Slip ratio가 0.8일 때 0.35~0.4이다.

선박이 정지해 있는 상태에서 프로펠러가 회전 할 때, 즉 Boosting 상태에서 slip ratio가 1.0인 경우 추력계수범위는 0.4~0.5이다.

(2) 예제

선박의 길이가 100m, 폭 15m, 프로펠러 직경 4.5m, 120rpm, 2rps일 때 추력을 구해보자.

$$\text{Propeller Thrust (T)} = K_T \cdot \rho \cdot n^2 \cdot D^4$$

$$\text{Water Density} (\rho) = 0.104 \, \text{ton} \cdot \text{sec}^2/\text{m}^4$$

$$\text{Revolution of propeller (n)} = 2 \, \text{rps}$$

$$\text{Propeller Diameter (D)} = 4.5 \, \text{m}$$

K_T는 프로펠러 특성 곡선으로부터 구해진다.

$$\textit{Slip ratio } 0.2 일 \textit{ 때}, \, K_T = 0.2 \quad T = 34.1 \, \textit{tonf}$$

$$\textit{Slip ratio } 1.0 일 \textit{ 때}, \, K_T = 0.5 \quad T = 85.3 \, \textit{tonf}$$

1.2 저항

(1) 저항의 형태

선체에 영향을 주는 저항은 물 점성에 의한 마찰저항, 파도 형성에 의한 조파저항, 수면하 선체 형상에 의한 와류저항, 그리고 공기 중에서의 마찰로 인한 공기저항으로 분류된다.

마찰저항(frictional resistance)은 수면 하 선체 형상과 수면 하 선체와 물의 점성에 의해 형성되고, 표면의 거칠기와 오손의 영향을 받는다. 이 저항은 Dock에서 선저 클리닝 또는 페인팅 후 최소가 된다.

조파저항(wave making resistance)은 선박이 진행하면서 생성된 파도에 의해 소모된 에너지와 동일한 저항이다. 구상선수는 파도의 생성을 최소화하는 하나의 방법이다.

와류저항(eddy resistance)은 수면 하에 있는 선체의 불연속한 부분 또는 선미 부근에서 형성되는 와류(eddy)에 의해 발생하는 저항이다. 선박의 유선형 형태는 와류저항을 감소시킨다.

공기저항(air resistance)은 수면 위의 선박구조에 대한 공기의 마찰과 와류에 의해 생성된 저항이다. 공기는 물의 밀도에 1/836 밖에 되지 않아 매우 작지만, 수면 위의 큰 구조물을 가진 자동차 전용운반선, LNG 운반선, 대형 컨테이너선, 그리고 크루즈선 같은 경우에는 조선에 특별한 주의가 필요하다.

비록 이러한 저항의 정확한 값을 알기 위해서는 각 종류의 선박에 대한 모형 실험을 시행할 필요가 있지만, 각각의 실험을 통해 체계적으로 측정된 값을 기반으로 선종에 따른 다양한 예측 방정식이 사용되고 있다.

선박의 종류에 따라 다르긴 하지만, 저속인 경우 마찰저항은 전체 저항의 대략 70~80%에 이르고, 조파저항은 10~30%에 이른다. 고속인 경우 조파저항이 차지하는 비율이 점점 커져 절반에 이른다. 전체 저항을 크게 두 가지 범주로 분류하는데, 마찰저항과 잉여저항이며, 여기서 잉여저항은 거의 조파저항에 해당한다고 볼 수 있다.

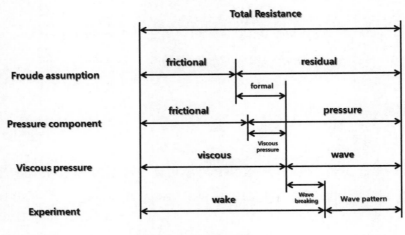

〈그림 2.2.21〉 저항성분의 비교

(2) 마찰저항

마찰저항(R_f)은 선체 침수 표면적(S)과 물의 밀도(ρ), 선박의 속도(V)에서 추론할 수 있다. 마찰저항은 선속의 제곱과 침수 표면적에 비례하여 증가한다. 여기에서 C_f는 마찰저항계수로 Reynolds number($R_n = VL/v$)를 이용하여 구할 수 있다. 예를 들면 schoenherr equation에서 $R_n = 4 \times 10^9$일 때, C_f는 0.0013이다.

$$R_f = \frac{1}{2} \cdot C_f \cdot \rho \cdot S \cdot V^2$$

(3) 잉여저항

$$R_r = \frac{1}{2} \cdot C_r \cdot \rho \cdot S \cdot V^2$$

잉여저항 계수(C_r)는 Tailor Tank chart에서 구해진다.

(4) 예제

선박의 방형비척계수(C_b)가 0.64, 중앙단면계수(C_{mid})가 0.98 그리고 배수량(∇) 이 4,800m³, 선박 길이(L) 100m, 폭(B) 15m, 흘수(d) 5m, 그리고 속도(V) 12.5knots인 경우 마찰저항(R_f)과 잉여저항(R_r)을 구해보자.

$$R_f = \frac{1}{2} \cdot C_f \cdot \rho \cdot S \cdot V^2$$

Denny's simplified formula	$S = (1.7d + C_b \cdot B)L = 1,810\text{m}^2$
Schoenherr's formula	$C_f = 0.0015$
Water density	$\rho = 0.104 \text{ ton} \cdot \text{sec}^2/\text{m}^4$

$$\therefore R_f = \frac{1}{2} \cdot 0.0015 \cdot 0.104 \cdot 1,810 \cdot (6.57)^2 = 6.1 \text{ tonf}$$

$$R_r = \frac{1}{2} \cdot C_r \cdot \rho \cdot S \cdot V^2$$

$$\frac{\nabla}{L^3} = 0.0048$$

$$C_p = \frac{C_b}{C_{mid}} = 0.65$$

$$\frac{B}{d} = 3$$

Froude number(Fn) = 0.20

Taylor's tank chart, $C_r = 0.616 \times 10^{-3}$

$$\therefore R_r = \frac{1}{2} \cdot 0.616 \times 10^{-3} \cdot 0.104 \cdot 1,810 \cdot (6.57)^2 = 2.5 \text{ tonf}$$

위 결과로부터 전체 저항 중 마찰저항이 약 71%, 잉여저항이 29%를 차지한다는 것을 알 수 있다.

1.3 Telegraph speed

선박의 속력은 추력이 전체 저항보다 작을 때에는 얻을 수 없다. Telegraph 단계별 속력은 각각의 추력이 전체 저항과 균형을 이룰 때 얻어진 일정한 속력을 나타낸다. 일반적으로, full sea speed는 안전에 있어서 적절한 sea margin을 두고 경제적 효율성을 고려하여 MCR의 85~95% 정도로 설정한다. 입출항 시 항내 또는 협수로를 통과할 때 사용되는 harbor full speed는 MCR과 상관없이 약 12knots로 설정되고, dead slow 속력은 약 4~6knots 정도이다. 그러나 고성능 엔진이 장착된 고속 컨테이너선의 경우 dead slow 속력은 이보다 더 높게 설정될 수 있다.

half ahead는 S/B full ahead의 85%(4/5), slow ahead는 55~65%(3/5), dead slow ahead는 35~45%(2/5) 정도이고, 후진 속력은 각각의 전진 속력의 절반 수준이다.

2. 타력(Inertia)

2.1 타력의 종류

선박의 속력을 증가, 감소시키거나 또는 멈추기 위해서 추력을 조정하여도 타력 때문에 상당한 시간이 소요된다. 속력을 변화시키는데 소요되는 시간 동안 선박은 이전의 속력과 타력대로 전진한다. 추력 명령을 변경한 이후 의도한 속력에 도달할 때까지 경과한 시간을 타력이라 한다. 타력의 크기는 이러한 경과 시간 동안의 이동거리 또는 요구되는 시간으로 표현된다. 선박을 조종할 때 타력 정보는 매우 중요하다.

(1) 발동타력(Driving Inertia)

정지해있는 선박을 움직이기 위해 요구되는 시간 또는 선박이 주어진 프로펠러 추력에 상응하는 속력에 도달하기까지의 이동거리

(2) 가속타력(Acceleration Inertia)

선박이 일정한 속력으로 움직이고 있을 때, 증가된 프로펠러 추력에 상응하는 속력에 도달하기까지의 이동거리 또는 경과시간

(3) 감속타력(Deceleration Inertia)

선박이 일정한 속력으로 움직이고 있을 때, 감소된 프로펠러 추력에 상응하는 속력에 도달하기까지의 이동거리 또는 경과시간

(4) 정지타력(Stopping Inertia)

프로펠러 추력이 일정하게 움직이는 상태에서 정지했을 때, 선박이 수중에서 완전히 멈추기까지의 이동거리 또는 경과시간

그러나 선박이 수중에서 완전히 멈추기까지 너무 오랜 시간이 필요하기 때문에 실제로는 선속이 2knots 정도로 감속될 때까지의 경과시간 또는 거리를 정지 타력으로 간주한다.

(5) 긴급정지타력(Emergency Stopping Inertia)

선박이 일정하게 움직이는 상태에서 프로펠러 추력이 역전될 때, 수중에서 선박이 완전히 정지하기까지의 이동거리 또는 경과시간

전속전진에서 전속후진(crash astern)으로 하여 선박이 정지한 거리를 최단정지거리(short stopping distance)라고 하고, 선박조종에서 비상시 중요한 자료이다.

2.2 운동법칙을 기반으로 추정된 타력

(1) 발동타력과 가속타력

질량(m)을 가진 선박이 진공에서 움직일 때, 뉴턴의 운동법칙(F=ma)에 따라 부가된 힘(F)에 따라서 선속이 특정 가속도(a)에 비례하여 증가한다. 실제로 선박이 물에 떠 있으므로 유체 저항(R) 속에서 가속되어야만 한다. 선박은 추력(T)이 저항(R)을 넘어설 때 움직이기 시작하고, 일정한 속력(V)은 추력(T)이 저항(R)과 균형을 이룰 때 얻어진다.

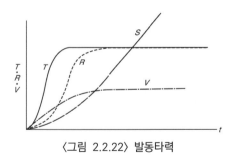

〈그림 2.2.22〉 발동타력

$$(m+m_x)\frac{dV}{dt} = T - R$$

부가질량(m_x)은 선박 주변의 물을 가속하는데 요구되는 추력의 손실을 의미한다. 이것은 마치 선박의 질량이 증가한 것처럼 보인다. 부가질량(added mass)의 양은 선박의 전진운동 또는 후진운동에서 대략 5~15%에 해당한다.

$$(m+m_x)\frac{dV}{dt} = T - R(\frac{V}{V_0})^2$$

추력과 저항이 균형을 이루고 있을 때의 속도를 V_0, 임의의 시간에서의 속도를 V라

하면, 선체저항(R)은 선속의 제곱에 비례하므로 위와 같이 표현된다.

(2) 감속타력과 정지타력

일정한 속력의 선박이 엔진을 정지하면 속력은
점차적으로 감소하고, 〈그림 2.2.23〉에서와 같이
마침내 정지한다.

저항은 선속에 비례하여 커지므로 엔진이 멈춘
직후 선박의 속도는 극적으로 감소하고, 속력의
감소율은 점차 줄어든다. 정지타력은 'T=0'이므로
다음과 같이 표현된다.

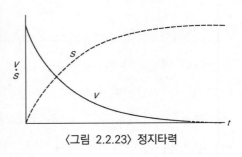

〈그림 2.2.23〉 정지타력

$$(m+m_x)\frac{dV}{dt} = -R(\frac{V}{V_0})^2$$

(3) 반전타력

일정 속력의 선박이 기관을 역전할 경우 선박
이 완전히 멈출 때까지 걸린 시간 또는 거리를
의미한다.

$$(m+m_x)\frac{dV}{dt} = -T_{ast}-R$$

기관을 역전하여 선박이 완전히 멈출 때까지의
최단정지시간과 최단정지거리가 구해진다.

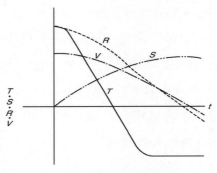

〈그림 2.2.24〉 반전타력

$$(m+m_x)V_0 = T_{ast} \cdot t$$

$$t = (m+m_x)\frac{V_0}{T_{ast}}$$

(4) 선박의 길이 이내에서 정지하기 위한 속력

선박의 길이 이내에서 정지하기 위한 속력은 다음과 같이 표현한다.

$$V_0 = \sqrt{\frac{2\,T_{ast}\cdot L}{m+m_x}}$$

V_0 : 속도 T_{ast} : 후진 추력 L : 선박 길이

2.3 시뮬레이션을 통한 타력 예측

(1) 발동 및 가속 조선

시뮬레이션을 통하여 기관 사용 후 선속 변화뿐만 아니라 타력을 구할 수 있다. 〈표 2.2.1〉은 LNG 선박의 발동, 가속, 감속, 정지 및 긴급정지 타력을 계산하기 위한 선박의 명세를 보여준다. 〈그림 2.2.25〉는 발동타력 시험 결과를 보여준다. 처음에는 속력이 급격하게 증가하다가 점차 속력 증가율이 완만해짐을 알 수 있다.

〈표 2.2.1〉 시뮬레이션 계산을 위한 선박 명세

Ship type	Condition	Lpp	B	df	da	C$_b$
130,000 m³ LNG carrier	Full loaded	276	46.0	10.8	10.8	0.72
ME HP	ME revolutions per min (rpm)					
		N/F	S/BF	Half	Slow	DS
43,000 PS	Ah'd	86	54	46	36	25
	Ast'n	..	54	46	36	25

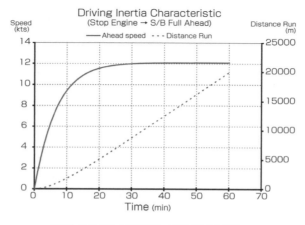

〈그림 2.2.25〉 발동타력 시험 결과(LNG)

〈표 2.2.2〉는 발동타력에 대한 결과를 보여준다.

〈표 2.2.2〉 발동타력 시험 결과

Ship type	(Driving Inertia) Stop→ S/B Full 0 knot → 12.0 knot		
Time and distance run until steady speed	Time	Distance	Distance/L
	30 min	8,760 m	31.7L
Average driving inertia factor	2.5 min/knot	730 m/knot	2.6 L/knot
Driving inertia factor at the initial stage of starting engine	Time	Distance	Distance/L
	0.8 min/knot	86 m/knot	0.3 L/knot

〈그림 2.2.26〉과 〈표 2.2.3〉은 단계적인 속력 증가를 보여준다.

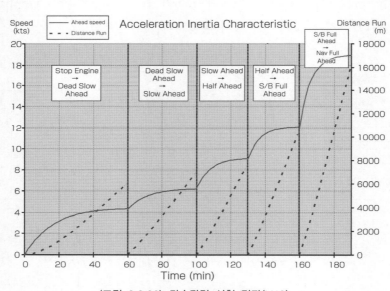

〈그림 2.2.26〉 가속타력 시험 결과(LNG)

〈표 2.2.3〉 가속타력과 가속타력 요소

	Stop → D. Slow	D. Slow → Slow	Slow → Half	Half → S/B Full	S/B Full → N. Full
Speed (knot)	0 → 4.3	4.3 → 6.2	6.2 → 9.0	9.0 → 12.0	12.0 → 18.9
Time required to next step steady speed (min)	59	37	29	28	28
Distance run (m)	5952	6459	7489	9838	15309
Dist./Lpp ratio	21.6	23.4	27.1	35.6	55.5
Acceleration inertia factor at initial acceleration stage (time)	5 min/knot	8.8 min/knot	3.9 min/knot	2.9 min/knot	1.3 min/knot
(Distance)	168 m/knot	1340 m/knot	834 m/knot	883 m/knot	564 m/knot
(Dist./Lpp ratio)	0.61 L/knot	4.85 L/knot	3.0 L/knot	3.2 L/knot	2.0 L/knot

(2) 감속 및 정지 조선

〈그림 2.2.27〉과 〈표 2.2.4〉는 감속 타력 시험 결과를 보여준다.

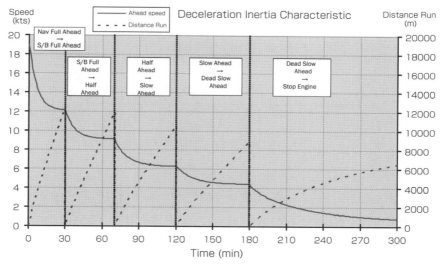

〈그림 2.2.27〉 감속 타력 시험 결과

	N. Full → S/B Full	S/B Full → Half	Half → Slow	Slow → D. Slow	D. Slow → Stop
Speed (knot)	18.9 → 12.1	12.1 → 9.1	9.1 → 6.3	6.3 → 4.4	4.4 → 0.5
Time required to next step steady speed (min)	28	33	40	60	180
Distance run (m)	11787	9967	8589	8916	7656
Dist./Lpp ratio	42.7	36.1	31.1	32.3	27.7
Deceleration inertia factor at initial acceleration stage/(time)	14 min/knot	3 min/knot	4.7 min/knot	8.3 min/knot	9.3 min/knot
(Distance)	733 m/knot	1079 m/knot	1226 m/knot	1538 m/knot	1148 m/knot
(Dist./Lpp ratio)	2.65 L/knot	3.9 L/knot	4.4 L/knot	5.6 L/knot	4.2 L/knot

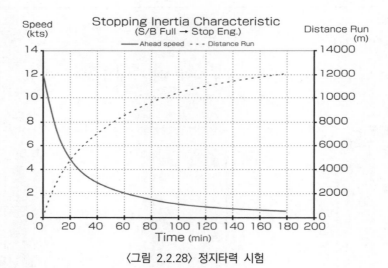

〈그림 2.2.28〉 정지타력 시험

　　〈그림 2.2.28〉은 정지 타력 시험 결과를 보여주며, 기관 정지 후 소요되는 시간과 속력 감소 관계를 알 수 있다. 속력이 처음에는 급하게 감속되다가 점차 저항의 감소로 속력도 천천히 감소하고 있다. 일반적으로 속력이 2knots 될 때까지를 정지 타력으로 본다. 〈표 2.2.5〉에서는 속력이 0.5knots로 감속 될 때까지의 시간을 측정하였다. 이 선박의 경우 선박의 속도가 0.5knots로 감속 될 때까지 약 180분이 소요되었고, 거리가 12,114m(44L)이다.

〈표 2.2.5〉 정지타력과 정지타력 요소

Ship speed	S/B Full Ahead → Stop Eng. 12 knot → 0.5 knot		
Time required and distance	Time	Distance	Distance/L
	180 min	12,114 m	43.9 L
Average stopping inertia factor for the relevant period	15.7min/ knot	1,053m/knot	3.8L/knot
Initial stopping inertia factor at the initial stage of stopping the engines	Time	Distance	Distance/L
	2.1 min/knot	622 m/knot	2.3 L/knot

(3) 긴급 정지 조선(crash astern)

전속으로 전진하다가 선박을 정지시키기 위하여 전속으로 후진하는 것을 긴급정지 조선이라고 한다. 긴급 정지 조선에서의 소요 시간과 거리는 긴급 시 중요한 자료이다.

〈그림 2.2.29〉는 LNG 선박의 긴급 정지 조선에 따른 선속의 변화를 보여준다. 여기서 선박이 정지할 때까지의 소요시간은 12분이며, 최단정지거리는 11.4L이다. 긴급 정지 조선에서는 강한 후진 추력으로 프로펠러의 배출류와 횡압력으로 선수방위가 우현으로 편향된다. 선속이 감소되어감에 따라 선수 방위의 편향은 심해진다.

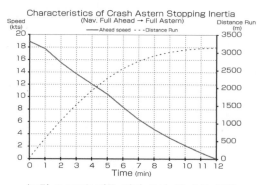

〈그림 2.2.29〉 긴급 정지 조선 시 속도 변화

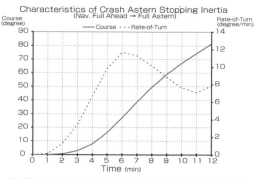

〈그림 2.2.30〉 긴급 정지 조선 시 선수방위의 편향

〈그림 2.2.30〉은 선박이 정지한 시점에서 ROT가 7.9°/min이고 우현으로 선수방위가 81°로 선회하였음을 보여준다.

3. 반전 타력에 의한 긴급 정지

3.1 최단정지거리

선박마다 긴급 정지 조선을 수행하기는 현실적으로 어렵다. 대신 시뮬레이션이 가능하다. 〈그림 2.2.31〉은 〈표 2.2.6〉의 6개 선종을 대상으로 시뮬레이션 결과를 보여준다. 〈그림 2.2.31〉(a)는 Nav. Full Ahead에서 (b)는 S/B Full Ahead에서 Full Astern을 사용한 결과이다. 그림을 보면 선박은 긴급 정지 조선을 수행해도 쉽게 멈추지 않음을 알 수 있다. 예를 들면 VLCC의 경우 최단정지거리가 4km이고, PCC의 경우 2km에 달하며 10L~14L에 해당된다. 우현으로 편향되는 거리는 2L~4L 정도로 나타난다.

〈표 2.2.6〉 시뮬레이션 대상선박 명세

Ship type	Condition	Lpp	B	df	da	C_b
300,000 DWT VLCC (full)	Full loaded	324	60.0	20.5	20.5	0.86
10,000 DWT Bulk carrier (full)	Full loaded	107	19.4	8.0	8.0	0.75
135,000 m³ LNG carrier (full)	Full loaded	276	46.0	10.8	10.8	0.72
6,000 TEU container ship (full)	Full loaded	302.8	42.8	13.6	13.6	0.63
50,000 GT cruise ship	Full loaded	209	29.6	7.5	7.5	0.62
4,500 unit PCC (full)	Full loaded	170	32.3	8.8	8.8	0.58

〈표 2.2.7〉 긴급 정지 조선 결과

Nav. Full Ahead → Full Astern, (h/d=∞)

Ship type	Time to complete stop		When ship is dead in water				Ratio of y or x to L	
	Initial speed knots	T (min) t (sec)	Heading (deg)	ROT (deg/min)	Dist run y (m)	Drift x(m)	y/L	x/L
300,000 DWT VLCC (full)	15.2	21.3 / 1275	109	6.9	3973	1210	12.4	3.7
10,000 DWT Bulk carrier (full)	13.6	5.3 / 31.8	33	13.9	1126	51	10.5	0.5
135,000 m³ LNG carrier (full)	18.9	11.9 / 716	81	7.9	3148	525	11.4	1.9
6,000 TEU container ship (full)	24.7	8.3 / 500	15	7.7	3555	22	11.7	0.1
50,000 GT cruise ship	22.2	2.9 / 171	0	0	822	0	3.9	0
4,500 unit PCC (full)	19.9	7.8 / 470	35	10.5	2342	62	13.8	0.4

S/B Full Ahead → Full Astern, (h/d=∞)

Ship type	Time to complete stop		When ship is dead in water				Ratio of y or x to L	
	Initial speed knots	T(min) t(sec)	Heading (deg)	ROT (deg/min)	Dist run y(m)	Drift x(m)	y/L	x/L
300,000 DWT VLCC (full)	10.5	16.8 / 1010	77	6.8	2399	429	7.4	1.3
10,000 DWT Bulk carrier (full)	9.6	3.9 / 231	26	13.5	567	20	5.3	0.2
135,000 m³ LNG carrier (full)	12.0	8.9 / 532	50	7.9	1548	112	5.6	0.4
6,000 TEU container ship (full)	18.1	5.0 / 299	16	7.6	1424	29	4.7	0.1
50,000 GT cruise ship	11.0	1.9 / 114	0	0	318	0	1.5	0
4,500 unit PCC (full)	12.2	4.6 / 277	31	10.6	814	40	4.8	0.2

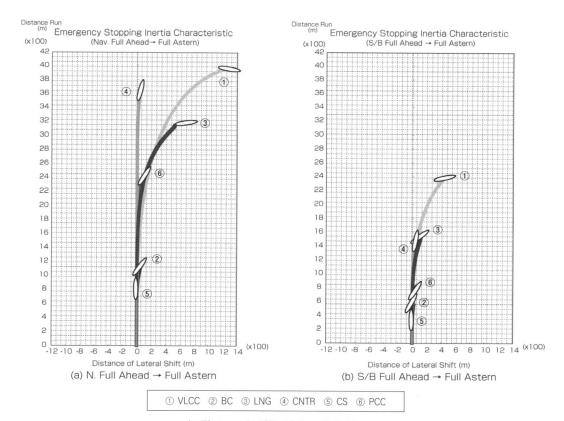

① VLCC ② BC ③ LNG ④ CNTR ⑤ CS ⑥ PCC

〈그림 2.2.31〉 긴급 정지 조선의 항적

3.2 선수방위의 편향

프로펠러의 배출류와 횡압력 때문에 긴급 정지 조선에서는 선수 편향이 나타난다. VLCC와 LNG 선박의 경우 선수 편향이 거의 직각에 가깝게 나타났으며 다른 선박은 30° 정도 나타났다. 선수 편향은 후진 기관이 사용되고 있는 한 선박이 정지하는데 요구되는 시간이 길면 길수록 선수의 편향은 증가한다. 시뮬레이션에서는 외력의 영향이 고려되지 않았으며 다양한 조건에 따라 달라질 수 있다. 조선자는 선수 편향이 어떻게 얼마나 발생될 것인지 판단하기 위해서는 항상 주의를 기울여야 한다.

3.3 최단정지거리에 영향을 주는 요소

(1) 배수량

일반적으로 선박이 무거울수록 최단정지거리는 커진다. 즉 공선항해 때보다 만재상태에서의 정지 거리가 더 길다.

(2) 후진 조선

엔진을 반전하기 직전 속력이 빠른 선박일수록 최단정지거리가 길다. 만약 엔진을 반전하는데 걸리는 시간이 길수록 정지거리 또한 길어진다. 터빈엔진 또는 고정피치 선박이 디젤엔진 또는 가변피치 선박에 비해 정지거리가 길다.

(3) 외부영향

전면에서 바람이 불 때에는 정지거리가 짧아진다. 또한 저수심에서는 천수영향으로 저항이 커지기 때문에 정지거리가 짧아진다. 또한 선저 오손이 심하면 정지거리가 짧아진다. 하지만 선미에서 조류를 받을 경우 최단정지거리를 넘어 좌초될 수 있으므로 주의가 요구된다.

[III] Thruster와 Tug에 의한 조선

Chapter 1 : Thruster에 의한 조선

1. Thruster의 설치

1.1 Thruster의 기능

Thruster는 선수 또는 선미에 가로방향의 트렁크 내에 설치하는 프로펠러로 수면 아래에 설치되고 배수류에 의해 선체를 횡으로 이동시킨다. 선수에 설치되면 Bow thruster, 선미에 설치되면 Stern thruster라고 한다. 선박을 횡이동 또는 선회시키고자 할 때 보조장치로 Thruster를 많이 사용하고 있다. Thruster를 설치한 선박이 증가하는 이유는 안전과 경제적인 측면에서 효과적이기 때문이다. Thruster는 PCC, LNG선, 컨테이너선과 같이 표면적이 큰 선박에 조선 보조수단으로써 매우 유용하다. 최근 많은 선박들이 Bow thruster를 설치하고 있고 대형 여객선은 추가로 Stern Thruster도 설치하고 있다.

〈그림 2.3.1〉 Bow thruster 모습

1.2 Thruster 출력

Thruster의 출력은 선종에 따라 다르다. PCC는 약 1,000~1,500PS, LNG선은 약 2,000~2,200PS, 컨테이너선은 약 1,500~2,000PS이다. 1HP(PS)=0.7355Kw이다.

만약 선박이 정지해 있을 때 Thruster가 충분히 물속에 잠겨있다면, Thruster로부터 나온 배출류의 반작용력은 효과적으로 작용할 것이다.

$$T \fallingdotseq 1ton/100PS$$

$$T \fallingdotseq 1.5ton/100Kw$$

2. Thruster에 의한 선체운동

2.1 선수의 회전과 선체의 횡이동

Bow thruster의 추력은 2가지 운동을 일으킨다. 하나는 무게중심 주변으로 선박을 회전시키는 것이고, 다른 하나는 무게중심을 기준으로 선박을 횡이동 시키는 것이다. 특히 두 번째 효과는 무게중심에 작용하는데 크기와 방향은 Bow thruster의 추력과 동일하다.

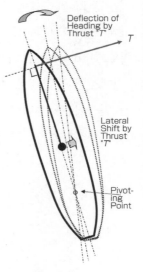

<그림 2.3.3> Bow
thruster에 의한 선체 운동

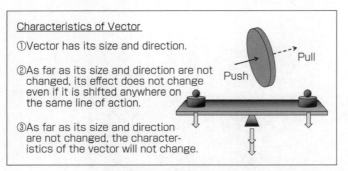

<그림 2.3.2> 벡터의 특징

2.2 Thruster에 의한 회전 모멘트

Bow thruster의 주 목적은 선박을 회전시키는 것이다. 선회 모멘트(M)는 Bow thruster 추력(T)과 Bow thruster에서 선박의 무게 중심까지의 거리(X)의 곱으로 표현된다.

$$M = T \times X$$

M : 회전모멘트   T : 추력   X : 무게중심에서 Thruster까지의 거리

Bow thruster의 추력이 크거나, 무게중심에서 Thruster까지의 거리가 멀수록 Bow thruster의 효과는 커진다. 이러한 이유로 Bow thruster는 가능하면 선수에 가깝게 설치하는 것이 일반적이다.

2.3 Bow thruster에 의한 선회와 전심의 위치

선박은 Bow thruster에 의해 선회하는 동시에 횡이동 한다. 그러나 횡이동은 초기에 선체의 큰 유체 저항 때문에 회전운동에 비하여 매우 느리다.

선박은 선수미 중심선상에서 선미에 가까운 점을 중심으로 선회하기 시작하는데 이 점이 바로 전심이다. 초기에는 전심이 중심으로부터 0.1L~0.2L 후방에 위치하나 시간이 지나 횡이동 속도가 커지면서 선미 방향으로 이동한다. 최종적으로 전심은 선체중심에서 0.4L~0.45L 후방에 위치하게 된다.

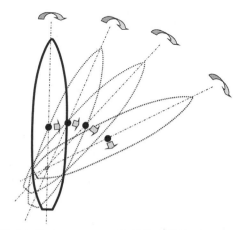

〈그림 2.3.4〉 Bow thruster에 의한 선회와 전심의 위치

2.4 Bow thruster에 의한 선회 효과

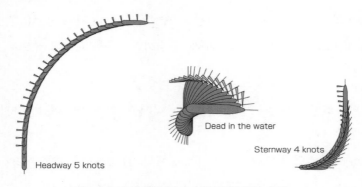

Dead in the water

Sternway 4 knots

Headway 5 knots

〈그림 2.3.5〉 Bow thruster에 의한 선회 효과

〈그림 2.3.5〉는 LNG 선박에 대한 시뮬레이션 결과로 전진 중, 정지 중, 후진 중의 Bow thruster 사용 효과를 보여주고 있다. 그림과 같이 Bow thruster에 의해 선회하는 경우, 선수방위가 90° 변할 때까지 요구되는 시간과 ROT는 다음과 같다.

상태	시간	ROT	비고
전진(5kts)	15분	8도	전진과 후진의 경우 큰 차이가 없음
후진(4kts)	11분	10도	
정지	7분	18도	

이와 같이 선박이 4~5knots의 속력이 있을 경우에는 Bow thruster에 의한 선회효과가 상당히 줄어든다는 것을 알 수 있다.

3. 전진 속력 증가에 따른 Bow thruster 효과의 감소

Bow thruster의 효과는 선박이 정지해 있을 때 최대가 된다. 선박이 진행할 때, 배출류의 힘은 선체 주변의 흐름에 의해 약해진다. Bow thruster를 이용하여 선박을 조종할 때에는 선속이 증가함에 따라 Bow thruster의 효과가 떨어진다는 것을 유념해야 한다. Bow thruster를 이용하여 선박을 조선할 때에는 선박의 속력이 2~2.5knots 정도가 되면 Bow thruster의 효과가 절반으로 줄어들고, 6knots일 때 추가로 20% 이상 더 감소한다. 따라서 6knots를 사용 한계로 보아야 한다. 또한 선박의 흘수가 낮거나 선미 트림으로 인해 Bow thruster가 충분히 잠기지 못할 경우 그 기능이 감소한다는 것을 알아야 한다.

4. Bow thruster에 의한 조선

4.1 선회

적절한 전진 속력이 유지되고 있을 경우 타에 의한 선회가 가능하다. 하지만 선속이 5~6knots로 줄어들면, 특히 타력에 의해서만 전진할 경우, 타만 이용하여 선박의 조종성을 유지하는 것은 점점 어려워진다. 이러한 경우 Bow thruster를 사용하는 것이 매우 효과적이다. 전진 속력이 작을 때, Bow thruster를 이용하여 선박을 일정 지점에서 선회시킬 수 있다. 그러나 Bow thruster를 사용할 때 선박이 지속적으로 횡이동 한다는 사실도 명심해야 한다.

4.2 침로 유지

선박이 전진 할 때 바람이 불면, 선수가 풍향 쪽으로 돌아가는 것을 막기 위해 Bow thruster를 풍하측으로 사용하여 선수방위를 효과적으로 유지할 수 있다. 그러나 바람에 의한 풍압차와 Bow thruster에 의한 횡이동이 합해져서 가끔 예상치 못한 큰 압류가 발생할 수도 있다.

4.3 직선 후진

Bow thruster는 배출류와 횡압력에 의해 선박이 우회두하는 것을 막고 선박을 직선 후진하게 하는데 매우 유용하다. 후진 중에는 타효가 현저하게 약해지기 때문에 선박의 선수방위가 돌아가는 것을 막기 위해 Bow thruster를 사용하고 있다.

4.4 묘박

선박이 강한 바람의 영향을 받으며 단묘박하고 있을 때 선박은 ∞ 모양을 그리며 심하게 움직인다. Bow thruster는 그러한 동요를 줄여서 앵커가 끌리는 위험을 줄이는데 유용하게 사용될 수 있다.

4.5 접이안

선박이 우현 접안을 위해 부두에 접근 중일 때와 부두 전방에서 후진 엔진을 사용할 때 배출류 측압 작용으로 인해 선수는 부두 쪽으로 향하는 경향이 있다. 부두 전면에서 선박은 거의 정지 중이므로, Bow thruster는 접이안에서 선수방위를 조종하는데 매우 효과적으로 사용된다. 그러나 Bow thruster를 사용하는 동안 선박은 횡으로 이동한다는 사실을 명심해야 한다.

Chapter 2 : 예선에 의한 조선

1. 예선에 의한 조선

1.1 예선의 필요성

과거에는 총톤수 10,000톤 이상의 선박은 대형선으로 간주하였으며, 항만 내에서의 조선은 엔진, 타, 앵커, 계류삭 등 자선의 장비에 의존하여 선박 조종이 이루어졌다. 하지만 오늘날의 대형선은 크기가 너무 커져서 예선의 도움 없이 자선의 설비만으로 제한된 항만 내에서 조선하기에 항구나 항내가 너무 협소하다. 접이안을 위한 대형선의 조선에서 메인 엔진과 타 등 자선의 설비는 보조 수단이 되었고, 예선이 주요 수단이 되고 있다.

1.2 예선의 효과적 사용

항만 내에서 조선자에게 요구되는 중요한 기술 중 하나는 예선을 얼마나 효과적으로 다루는가 이다. 예선을 이용한 선박 조선에서 접이안을 지원하는 예선의 선장은 선박 조선자의 의도를 잘 이해하고, 통신 수단을 포함하여 미리 선박 조종 과정을 계획하는 것이 매우 중요하다. 조선자와 예선 선장이 선박을 안전하게 조선하기 위해서는 서로의 협력이 요구된다. 신뢰를 쌓기 위해서는 우선 조선자가 예선의 특성, 성능, 운용에 대해 능통해야 하고, 예선을 활용하여 대형선의 관성을 제어하는 방법을 알아야 한다.

2. 예선의 성능 특성

2.1 예선의 유형

오늘날에는 프로펠러와 타가 장착된 전형적인 유형의 예선보다는 타가 없는 예선이 점점 늘어나는 추세이다. 타가 없는 예선의 종류로는 Voith Schneider Propeller와 Z - Drive Propeller 두 개로 분류된다.

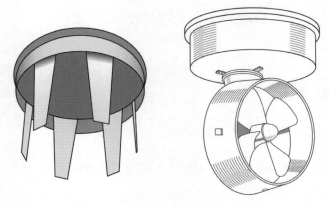

〈그림 2.3.6〉 Voith Schneider 프로펠러   〈그림 2.3.7〉 Z-Drive 프로펠러

〈그림 2.3.6〉에서 보듯이 Voith Schneider 프로펠러는 회전하는 수평의 원형판과 4~6개의 수직의 날개로 구성되어 있다. 이 프로펠러는 피치 조절로 추진력을 조절할 수 있다. 일반적으로 예선에 두 개의 프로펠러를 장착함으로써 더 좋은 조종 성능을 얻고 있다. 하지만 이 프로펠러의 단점은 각각의 프로펠러 날개가 수평 원형판의 반 바퀴 회전마다 쓰이지 않는다는 점이다(직각 방향에 설치된 날개는 사용되지 않음). 이러한 점에서 밀거나 끄는 능력에서 Voith Schneider 프로펠러가 Z - Drive 프로펠러보다 성능이 못하다.

〈그림 2.3.7〉에서 보이듯이 Z - Drive 프로펠러는 수평면에서 360° 회전이 가능하다. 만약 이러한 프로펠러가 두 개 장착되어 있다면, 두 프로펠러의 방향 결합으로써 전진, 후진, 선회, 비스듬한 이동, 횡 이동, 급정지, 급선회, 그 자리에서의 회전 등이 가능하다. Kort Nozzle 형태의 Z-Drive 프로펠러는 Voith Schneider 프로펠러에 비해 예인 성능과 조종 성능이 뛰어나고, 오늘날 널리 사용되고 있다.

2.2 예선의 예인 능력

예선의 추력은 예인줄의 한쪽 끝을 고정된 육상 계선주(bollard)에 묶은 후 측정하는데 이를 Bollard pull이라 부른다. 예선의 능력은 Bollard pull에 기초하여 비교할 수 있다. 일반적으로 Voith Schneider 프로펠러의 100PS Bollard pull은 1톤의 추진력으로 변환될 수 있고, 반면에 Z - Drive 프로펠러는 1.5톤의 추진력으로 변환될 수 있다. 후진 추진력은 대략 전진 추진력의 80%가 된다.

〈그림 2.3.8〉은 예선의 마력과 Z - Drive 프로펠러의 Bollard pull 사이의 관계를 보여
준다. 이 그래프로부터 각 출력에 해당하는 전진과 후진 추력을 알 수 있다. 예를 들면
2,400PS에서는 전진할 때 34ton, 후진할 때 32ton의 추력을 낸다.

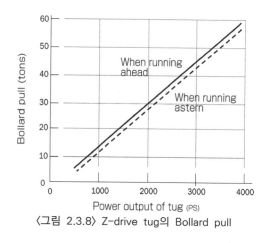

〈그림 2.3.8〉 Z-drive tug의 Bollard pull

2.3 예선 작업을 위한 전진속도의 한계

선박의 전진 속도가 특정 속도 이상일 때, 예선이 선박에 의해 끌려가기 때문에 예선의
밀기와 당기기 효과는 기대할 수 없다. 게다가 이러한 상태는 예선이 전복 될 수 있는 위
험성도 있다. 예를 들자면, 선박이 3노트 이상의 속도를 가진 상태에서 예선이 측면으로
밀기와 끌기를 할 때 특별한 주의가 필요하다. 선박의 속도가 4~5노트에 도달한다면 예선
은 매우 위험해진다. 그리고 선박의 속도가 6노트에 도달할 때에는 예선의 원조 한계를
넘어섰다고 간주한다. 일반적으로 예선의 도움을 받을 수 있는 선박의 속도 한계는 안전
과 효율성 관점에서 당기는 경우에는 4노트이고 미는 경우에는 5노트로 보여진다. 만약
예선을 선미에서 브레이크 용도로 사용하려 한다면 위에 언급한 위험들이 다소 완화될 수
있지만, 그렇다 할지라도 조작상의 한계는 6노트일 것이다.

2.4 예선의 활용 방법

비록 예선의 수, 배치, 역할이 상황에 따라 다르겠지만, 〈그림 2.3.9〉와 같이 예선 배치에 대한
4가지 기본 패턴이 있다. 조선자는 예선 이용 시 예선의 수와 배치를 고려하여 예선 각각의 적절
한 역할을 이해하여야 한다.

(1) 당기기

예인되는 선박의 전진을 원조하기 위해 예인줄은 선박의 선수에
연결될 수 있다. 이러한 예선은 선박을 선회시키기 위해 사용될 수
도 있다. 또한 예인줄을 선미에 연결한다면 브레이크로써 사용될 수
있다. 만약 두 척의 예선이 선수미 같은 현에 붙는다면 선박을 횡
또는 사선으로 이동시킬 수 있는데, 선박을 부두로부터 멀어지게 하
고자 할 때 사용된다. 이러한 경우, 예인되는 선박으로 향하는 예선
의 후방 배출류에 의한 저항이 예선의 당기는 힘을 방해하지 않도록
예인줄은 예선 길이의 2배가 되어야 한다.

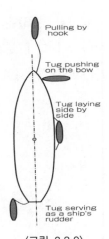

〈그림 2.3.9〉
예선 배치 기본 패턴

(2) 밀기

선박을 밀기 위해서는 예선을 선수 또는 선미 가까이에 배치한다. 예선의 추진력은 선
박의 횡 이동과 선수를 돌리기 위해 사용된다. 만약 예인줄이 잡혀 있다면 당기기에도
사용될 수 있다.

선수와 선미에 큰 플레어(flare)가 있는 선박은 예선이 플레어 부분에 너무 가까이 위
치하게 된다면 선박의 상부 외판과 예선이 접촉되어 손상 위험이 증가하기 때문에 주의
할 필요가 있다.

(3) 현측 예인

예선의 선수미 계류로 선박과 평행하게 배치된다면, 예선의 앞뒤 추진력은 선박의 주
기관 대신으로 사용될 수 있다. 이러한 방식은 파도가 강할 때와 같이 예선의 자유운동
이 매우 제한될 때에는 사용할 수 없다.

(4) 선수방위 제어

선박의 선미에 긴 예인줄과 함께 연결된 예선은 선박을 당김으로써 전진 속력을 제어
한다. 예선은 적절하게 예인줄의 길이를 조정함으로써 선박을 밀거나 당길 수 있다. 예인
줄을 사용하지 않을 경우, 예선은 타와 같이 선박을 선회시키기 위해 사용된다.

3. 예선 원조하의 조종

3.1 전심의 이동

(1) 정지한 선박에 가해지는 예선 추력의 효과

정지해 있는 선박의 초기 전심의 위치는 예선의 추력이 가해지는 지점에 따라 나타난다. 또한 전심은 선박의 횡 표류속도와 선회율의 변화에 따라 선수미 중심선을 따라 이동한다.

그림은 2,800TEU 컨테이너선에 가해지는 예선추력의 위치에 따른 전심과 선회 항적을 보여준다.

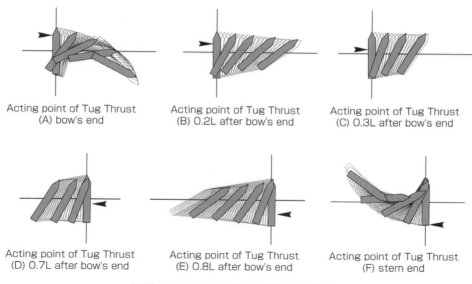

Acting point of Tug Thrust
(A) bow's end

Acting point of Tug Thrust
(B) 0.2L after bow's end

Acting point of Tug Thrust
(C) 0.3L after bow's end

Acting point of Tug Thrust
(D) 0.7L after bow's end

Acting point of Tug Thrust
(E) 0.8L after bow's end

Acting point of Tug Thrust
(F) stern end

〈그림 2.3.10〉 예선 원조 하에서의 선체 운동

수심(h)과 선박의 홀수(d) 비율(h/d)이 1.3이고, 예선은 추력이 22.5톤이며, 만재상태의 컨테이너선에 작용하는 예선의 추력이 선수미 중심선에 대해 항상 수직일 때, 예선 추력의 작용점과 전심의 이동은 〈그림 2.3.10〉과 같다.

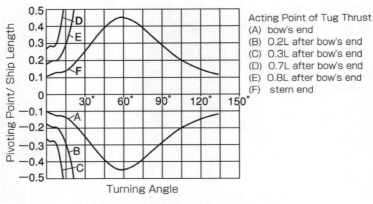

<그림 2.3.11> 예선 추력의 작용점과 전심

예선의 추력이 주어졌을 때 전심의 초기 위치는 예선의 추력의 크기에 관계없이 추진력이 가해진 점에 따라 나타난다. 추진력이 선수 끝에 주어졌을 때는 처음에 전심은 무게중심 뒤 0.1L에서 나타난다. 그 후, 전심은 회전이 진행됨에 따라 선회각이 60°에 도달할 때까지 뒤쪽으로 이동한다. 선회각이 60°를 넘어설 때, 전심은 전진운동이 선회운동보다 우세해짐에 따라 선체 중앙을 향에 앞쪽으로 이동한다. 추진력이 선미의 끝에 주어진다면, 전심의 이동은 반대가 될 것이다.

예선의 추력이 선박의 무게중심 가까이에 주어진다면, 선박은 측면으로 이동하고(횡이동) 조금 선회할 것이다. 이러한 경우, 전심은 선박의 선수 끝이나 선미 끝으로부터 먼 곳에 존재한다. 따라서 전심은 선박의 이동에 따라 선박의 선수미 중심선상뿐만 아니라 선수미 중심선의 연장선상에도 나타날 수 있다.

(2) 전진 중 대각도 변침 시 예선의 효과

<그림 2.3.12>은 2,800TEU 컨테이너선이 예선에 의해 90°로 선회할 때 모의실험한 결과를 보여준다. 선박이 만재상태이고, 초기 속도 4knots, 타각 35°, 수심과 선박 흘수의 비율(h/d)이 무한대인 경우, 각각의 예선의 추력은 7.5톤이다. 예선의 추력은 선수와 선미 끝에 주어졌

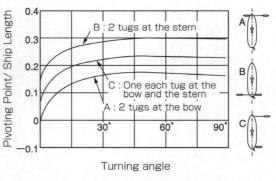

<그림 2.3.12> 대각도 변침 시 예선의 효과와 전심

다. 예선의 추력 작용 방향은 선박의 선수미 중심선에 항상 수직이다.

예선의 배치는 다음과 같다.

(A) 선박의 타 작동에 따라 동시에 밀기와 당기기를 하기 위해 선수에 두 척의 예선

(B) 선박의 타 작동에 따라 동시에 밀기와 당기기를 하기 위해 선미에 두 척의 예선

(C) 선박의 타 작동에 따라 동시에 선수에서 당기고 선미에서 밀기 위해 선수미 각각 한 척의 예선

위의 세 가지 패턴에서, 선박 무게중심 주위의 선회 모멘트의 크기는 같지만 횡 운동은 각 패턴마다 다르다. 동시에 밀기와 당기기를 하려고 두 척의 예선이 선수에 있는 (A)의 경우에는 처음에는 예선과 선박의 타효가 서로 상쇄되어 전심이 선박의 무게중심 근처에 나타나고, 그 후 앞쪽으로 이동하다가 회전이 진행됨에 따라 무게중심의 앞쪽 0.2L 위치에 나타난다. 이것은 예선의 추력과 선박의 타효가 서로 상쇄됨으로써 횡력(lateral force)의 효과처럼 합성 횡 표류속도가 작아지기 때문이다. 그 결과로써 선박이 자체 타를 이용하여 선회할 때보다 선미 kick이 90%까지 감소될 수 있다.

선미에서 두 척의 예선이 동시에 밀기와 당기기를 하는 (B)의 경우에는 전심은 위의 세 가지 패턴 중 가장 앞쪽에 위치하고 초기 단계에서뿐만 아니라 선회과정에서 또한 선수 가까이에 존재한다. 왜냐하면 예선과 선박의 타의 작동 모두 선미에 작용하기 때문이다. 그래서 전심은 최종적으로 무게중심으로부터 0.3L 앞쪽에 위치한다. 이것은 예선과 선박 타의 횡력에 의해 합성 횡 표류속도가 증가하기 때문이다. 그 결과로서 선미 킥이 선박 자체 타에 의해 선회 할 때의 선미 킥보다 약 25% 증가하게 된다. 그러나 선회 효율성의 관점에서 볼 때, 세 가지 패턴 중 전심이 가장 앞쪽에 위치하므로 최적의 방법이 될 수 있다.

한 척의 예선은 선수에 다른 한 척의 예선은 선미에 있는 (C)의 경우 전심은 (A)와 (B) 사이에 존재한다. 그러나 선회하는 동안 선속의 감소는 세 가지 패턴 중 가장 적다.

예선의 원조를 받고 있는 세 가지 패턴과 예선의 원조가 없는 조종에서 선회에 필요한 시간과 공간을 상호비교하면, 예선의 원조를 받고 있을 때 시간은 70%로 감소하고 공간은 50~60% 감소한다.

(3) 대각도 변침 시 예선의 효율적 배치

선박이 예선의 원조를 받아 가장 작은 선회권으로 대각도 변침을 하려고 할 때, 선미에 예선을 배치하여 밀거나 당기면 선미킥이 증가할지라도 가장 효과적이다. 이는 전심이 가장 앞쪽에 위치하기 때문이다.

밀기와 당기기의 효율성을 비교하면 밀기가 더 효과적이다. 그러므로 선박이 전진하는 동안 예선의 원조를 받아 선회하고자 할 때 밀기가 우선 고려된다. 선박이 후진하는 경우에도 마찬가지다.

3.2 예선 원조의 동적 분석

(1) 합력과 모멘트의 효과

예선의 추력과 다른 외력이 동시에 복합적으로 작용할 때 선박이 어떻게 반응할 것인지를 예측하는 것은 조선자에게 매우 중요한 능력이다. 선박의 관성과 저항을 고려하고 어떠한 힘이 선체에 작용했을 때 선체 운동을 예측하는 것은 매우 복잡하다. 그러나 선박의 무게중심에 있는 합력의 크기와 방향을 안다면 개략적인 예측은 가능할 것이다.

여기서, 복합적인 힘들이 선체에 작용할 때 합력과 모멘트를 알기 위한 분석방법은 다음과 같다. 〈그림 2.3.12〉와 같이 사선 앞쪽으로 당기기 위해 우현 선수에 한 척(F_1)이 있고, 사선 앞쪽으로 밀기 위해 우현 선미에 다른 한 척(F_2), 추가하여 선박 자체의 Bow thruster(F_3), 메인 엔진(F_4), 타력(F_5)일 때, 합력과 모멘트가 선박의 무게중심에 어떻게 작용하는지를 알기 위한 기본적인 절차는 다음과 같다.

① 선박의 무게중심을 원점으로 하는 수직의 좌표계로 선박의 선수미 중심선은 Y축이고 선박의 무게중심을 지나는 가로선은 X축이다. 〈그림 2.3.12〉에 나와 있듯이 양의 부호는 앞쪽과 우현을 의미한다.
② 좌표계에 작용하는 힘을 분해한다.

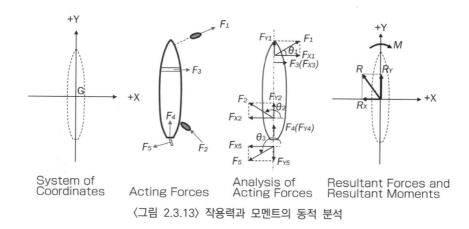

| System of Coordinates | Acting Forces | Analysis of Acting Forces | Resultant Forces and Resultant Moments |

〈그림 2.3.13〉 작용력과 모멘트의 동적 분석

③ 위 방정식에 따라 작용하는 힘의 X축과 Y축 성분을 파악하고, 가로축의 합력(R_X)과 세로축 합력(R_Y)을 구한다. 이 경우에 각 'θ'는 양의 X축으로부터 반시계 방향으로 측정해야 한다.

$$R_x = \sum (F_{xi} \cdot \cos\theta_i)$$
$$R_x = \sum (F_{Yi} \cdot \sin\theta_i)$$

④ 벡터의 특성과 ③의 설명을 기초로 하여 R_X와 R_Y가 무게중심에 작용한다고 생각할 때, 통합된 합력(R)은 다음 식과 같다.

$$R = \sqrt{R_{X^2} + R_{Y^2}}$$
$$\theta = \tan^{-1}\left(\frac{R_Y}{R_X}\right)$$

⑤ 합력(R)의 Y축 성분인 R_Y와 X축 성분인 R_X가 선박 무게중심에 각각 작용하여 선박을 횡방향과 종방향으로 이동시키게 된다. 그 결과 합력(R)에 의해 선박은 사선 앞쪽 방향으로 이동될 것이다.

⑥ 그러므로 반시계 방향 모멘트에 양의 부호를 주는 다음의 식에 따라 선박의 무게중심 주위에 통합된 선회 모멘트가 형성된다.

$$M = \sum (F_i \cdot r_i)$$

⑦ 합성 모멘트(M)의 크기와 부호에 따라 선박은 선회하게 될 것이다.

⑧ 합력과 합성모멘트를 고려할 때, 선박은 왼쪽 앞으로 비스듬하게 이동할 것이고, 선수는 오른쪽으로 돌아가게 될 것이다.

(2) 합력과 합성모멘트의 균형

X‑Y 좌표에서 영향을 미치는 모든 힘들이 균형을 이룬다는 것은 합력이 '0'이라는 것을 뜻한다. 이 상황에서는 다음의 식이 X축과 Y축의 합력으로 각각 주어 졌을 때, 작용하는 모든 힘은 균형을 이루고 선박은 어느 방향으로도 이동하지 않을 것이다.

$$R_x = \sum (F_i \cdot \cos\theta_i) = 0$$
$$R_x = \sum (F_i \cdot \sin\theta_i) = 0$$

그리고 다음의 식이 주어졌을 때, 작용하는 모든 선회모멘트는 균형을 이루고 선박은 어느 방향으로도 선회하지 않을 것이다.

$$M = \sum (F_i \cdot r_i) = 0$$

3.3 예선의 이용에 따른 선박 운동

〈그림 2.3.14〉~〈그림 2.3.22〉는 깊은 수심에서 예선의 원조 하에서의 LNG선의 시뮬레이션 측정에 의해 구해진 선박 반응 운동 결과를 나타낸다. 이 그림에서 실선 화살표는 선박의 무게중심에 작용하는 예선의 힘과 모멘트의 방향을 나타내고, 점선 화살표는 선박의 사선 이동에 대한 유체 저항 모멘트를 나타낸다. 이러한 실험은 각 예선의 추력이 39톤이고, 추진력의 작용 방향이 항상 선박의 선수미 중심선에 수직 또는 45° 경사의 힘이 주어진다는 가정하에 수행된 것이다.

(1) 정지해 있는 선박에 대한 예선의 효과

(가) 한 척의 예선에 의한 선회

〈그림 2.3.14〉(a)는 선수에 한 척의 예선의 밀기에 의한 선회를 보여주고 반면에 〈그림 2.3.14〉(b)는 선미에 한 척의 예선의 밀기에 의한 선회를 보여준다. 전자의 경우에 선박은 선미를 중심으로 선회를 하고 후자의 경우에 선박은 선수를 중심으로 선회를 한다.

양쪽의 경우에서, 선박의 선수방위가 90°가 되는데 소요되는 시간에 있어 큰 차이는 없고 6~7분 걸린다. 선회하는 동안 전자의 경우 선박은 전진속력을 얻을 것이고, 후자의 경우 후진속력을 얻을 것이다. 선박이 선회하는 동안 선회하는 쪽으로 대략 선박 한 척의 길이만큼의 면적이 필요하다. 왜냐하면 선박의 무게중심에 작용하는 횡력이 선체를 예선의 추력이 작용하는 반대 방향으로 밀어내기 때문이다.

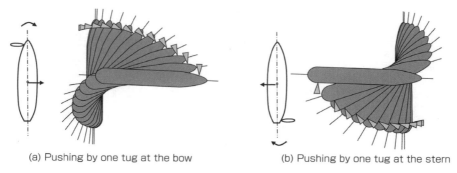

(a) Pushing by one tug at the bow   (b) Pushing by one tug at the stern

〈그림 2.3.14〉 한 척의 예선에 의한 선회

(나) 선수에 있는 하나의 예선에 의해 사선으로 당겨질 때

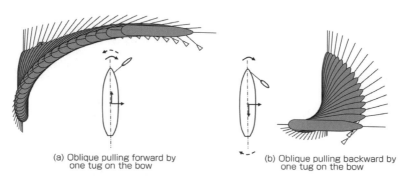

(a) Oblique pulling forward by   (b) Oblique pulling backward by
one tug on the bow   one tug on the bow

〈그림 2.3.15〉 선수에 있는 한 척의 예선에 의해 사선으로 당겨질 때

〈그림 2.3.15〉(a)는 선수에서 하나의 예선이 선박을 사선 앞쪽으로 당기는 경우를 보여준다. 사선으로 전진하는 선박은 유체 저항으로 인한 반시계 방향 모멘트를 받는다. 그 결과 선회율의 증가가 지연되고 예선에 의한 시계방향 모멘트와 유체 저항에 의한 반시계 방향 모멘트가 서로 상충하여 선수의 회전이 느려진다. 이러한 패턴에서 선박의 전진은 전진방향 유체 저항이 비교적 작기 때문에 속력은 향상될 것이다. 그리고 선회율의 증가가 사선 전방으로 당겨질 경우 지연되고 선박을 회전시키는데 더 많은 시간이 걸리

기 때문에 선박을 90°로 돌릴 때까지 가속되어 약 3노트의 속력에 도달할 것이다.

〈그림 2.3.15〉(b)는 선수에서 하나의 예선이 선박을 사선 뒤쪽으로 당기는 경우를 보여준다. 이러한 패턴에서 우현 쪽으로부터 오는 유체에 의한 시계방향 모멘트가 선박에 작용한다. 결과적으로 선박은 예선에 의한 시계방향 모멘트와 유체에 의한 모멘트가 더해져 더 빠르게 회전할 수 있다. 후진을 하는 경우에도 전진과 마찬가지이나, 선박의 선수방위가 90°로 회전할 때까지는 현저한 후진이 나타나지 않는다. 왜냐하면 유체 저항이 선미부분의 선체형상 때문에 더 커지고 요구되는 시간이 전진의 경우와 비교하여 더 짧기 때문이다.

선박을 90°로 회전시키기 위하여 사선 앞쪽으로 당기는 경우에는 13분이 걸리고, 사선 뒤쪽으로 당길 경우에는 9분이 걸린다. 게다가 선박을 회전시키기 위하여 필요한 수역은 사선 앞쪽으로 당기는 경우에는 앞쪽으로는 선박길이의 절반 그리고 회전 방향으로는 선박길이의 2.5배가 필요하다. 하지만 사선 뒤쪽으로 당기는 경우에는 선박 선미를 중심으로 제자리에서 회전이 가능하다.

(다) 선미에 있는 하나의 예선에 의해 사선으로 당겨질 때

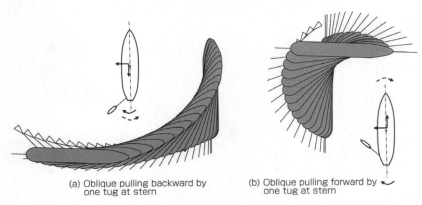

(a) Oblique pulling backward by one tug at stern

(b) Oblique pulling forward by one tug at stern

〈그림 2.3.16〉 선미에 있는 하나의 예선에 의해 사선으로 당겨질 때

〈그림 2.3.16〉(a)는 선미에서 하나의 예선에 의해 사선 뒤쪽으로 당겨질 때를 보여준다. 이러한 패턴에서 선박은 왼쪽 사선 뒤쪽으로 이동하기 때문에 유체저항에 의한 반시계 방향 모멘트가 선박에 작용한다. 결과적으로 선회율의 증가가 지연되고 예선에 의한 시계 방향 모멘트와 유체 저항에 의한 반시계 방향 모멘트가 서로 상충하여 선미의 회전

이 느려진다. 선박을 90°로 회전시키기 위하여 약 12분이 걸리고 약 2노트의 후진 속력이 발생한다.

〈그림 2.3.16〉(b)는 선미에서 하나의 예선에 의해 사선 앞쪽으로 당겨지는 경우를 보여준다. 이러한 패턴에서 선미의 좌현에서 오는 유체 때문에 시계방향 모멘트가 선박에 작용한다. 결과적으로 선박은 예선과 유체에 의한 시계방향 모멘트가 더해져 더 빠르게 회전 할 수 있다. 비록 이 기간 동안 전진이 발생하지만, 그것은 선박이 빠르게 증가하는 선회율에 상응하여 빠르게 회전하기 때문에 선박이 90°로 회전할 때까지 크게 증가하지 않는다.

사선 뒤쪽으로 당기는 경우 약 12분이 걸리는 반면 사선 앞쪽으로 당기는 경우에는 약 8분이 걸린다. 선박이 회전하기 위해 요구되는 수역은 사선 뒤쪽으로 당길 경우에는 뒤쪽으로 선박 길이의 절반과 회전방향으로 선박 길이의 2.5배가 필요하지만, 사선 앞쪽으로 당길 경우에는 선박의 선수의 어느 한 점을 중심으로 거의 제자리 회전이 가능하다.

따라서 선수나 선미에서 사선으로 당기는 경우, 선수에서는 사선 뒤쪽으로 당기고 선미에서는 사선 앞쪽으로 당기는 것이 더 빠르고 효과적으로 회전할 수 있으며 더 작은 수역이 요구된다.

(라) 두 척의 예선에 의한 선회

〈그림 2.3.17〉은 반대방향에 있는 선수와 선미의 두 척의 예선이 동시에 미는 경우 선박은 선수미선 위의 어느 한 점을 중심으로 회전하는 것을 보여준다. 이러한 패턴에서 두 예선에 의해 선박의 무게중심에 작용하는 횡력이 서로 상쇄되고 두 예선에 의해 더해진 모멘트에 의하여 한 점을 중심으로 효과적으로 회전할 수 있다. 선회율도 다음과 같이 증가하는데, 선회 각이 30°에 도달

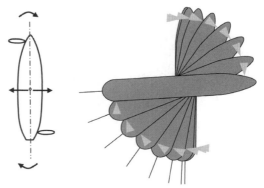

〈그림 2.3.17〉 두 척의 예선에 의한 선회

할 때 분당 20°, 선회 각이 45°에 도달할 때 분당 30°, 선회 각이 90°에 도달할 때 분당 40°로 가속된다. 이러한 경우에 선회율을 적절히 조정하는 것은 중요하다.

(마) 두 척의 예선에 의해 사선으로 당겨질 때

〈그림 2.3.18〉은 같은 방향에서 선수와 선미에 있는 두 척의 예선에 의해 45° 사선 앞쪽으로 당겨지는 경우를 보여준다. 이러한 패턴에서 선박은 당긴 시점으로부터 약 3분 동안 사선 앞쪽으로 움직인다. 비록 선수미에 있는 두 예선에 의한 회전 모멘트가 서로 상쇄되지만, 선박이 우현 방향 사선 앞쪽으로 움직이기 때문에 유체 저항으로 인한 반시계 방향 모멘트가 선박에 발생한다. 결과적으로 5분 후에 1노트 이

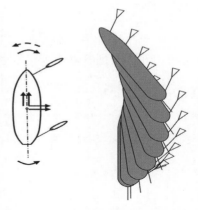

〈그림 2.3.18〉 선수와 선미에 있는 두 척의 예선에 의해 사선 앞쪽으로 당겨질 때

상의 전진과 분당 5°의 선회율이 발생한다. 만약 더 당긴다면 선박은 사선으로 미끄러지고, 선미는 흔들리고 전진속력이 약 5노트까지 도달할 것이다. 다른 선박이 자선의 앞 가까이에 정박하고 있을 때 또는 정박지로부터 떠나고자 하는 경우 매우 주의하여야 한다. 이러한 경우 선박이 정박지로부터 자선의 폭만큼 떨어졌을 때 당기는 것을 즉시 멈추어야 한다.

〈그림 2.3.19〉은 같은 방향에서 두 척의 예선에 의해 45° 사선 뒤쪽으로 당겨지는 경우를 보여준다.

이러한 경우 전진 과정에서 선수미에 있는 두 예선에 의한 회전 모멘트는 서로 상쇄된다. 선박이 사선 뒤쪽으로 당겨지는 동안 유체 저항으로 인한 시계 방향 모멘트가 선박에 영향을 주기 때문에 5분 후에 1노트 이상의 후진과 분당 5°의 선회율이 발생한다. 그러므로 정박지로부터 사선 뒤쪽으로 선박을 당기는 경우에는 선회율이 증가하고 후진하기 전에 당기는 것을 즉시 멈추어야 한다.

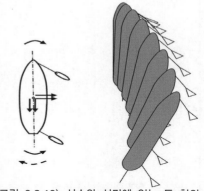

〈그림 2.3.19〉 선수와 선미에 있는 두 척의 예선에 의해 사선 뒤쪽으로 당겨질 때

〈그림 2.3.18〉과 〈그림 2.3.19〉와 같이 예선을 이용한 선박의 움직임에서 예선의 당기는 방향 'θ'와 실제 방향 'α'의 차이점을 추론하기 위하여 다음과 같은 공식을 사용한다.

$$\tan \ \alpha \ = \ (\frac{1+K_{mx}}{1+K_{my}}) \tan\theta$$

K_{mx}는 종방향 부가질량계수이고, K_{my}는 횡방향 부가질량계수이다.

일반적으로 K_{mx}는 선박 질량의 약 7% 정도이고, K_{my}는 선박 질량의 약 75%로 간주된다.

$$\tan \ \alpha \ = \ 0.6 \tan\theta$$

위의 방정식으로부터 선박이 예선에 의해 45° 방향으로 당겨졌을 때 실제 선박의 이동 방향은 30°일 것이다.

(바) 두 척의 예선에 의해 측면으로 당겨질 때

〈그림 2.3.20〉은 두 척의 예선이 선수미 같은 측면에서 동시에 선박을 당기는 경우를 보여준다. 이러한 패턴에서 선체의 앞과 뒤에 작용하는 유체 저항이 거의 차이가 안 나기 때문에 원래 위치에서 거의 평행하게 선박을 당기는 것이 가능하다. 하지만 트림이 커지면 커질수록 선박의 자세가 많이 흐트러진다. 예선이 당기기 시작한 순간으로부터 5분 후 선박이 원래 자신의 위치에서부터 선박 폭의 두 배만큼 당겨졌을 때까지 측면 이동 속력은 초당 50cm에 달한다.

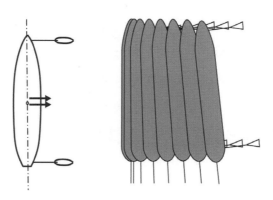

〈그림 2.3.20〉 선수와 선미에 있는 두 척의 예선에
의해 측면으로 당겨질 때

(2) 전진 중일 때 예선의 효과

(가) 예선 한 척에 의한 선회

〈그림 2.3.21〉은 선박이 5노트로 전진 중일 때 선수 또는 선미에서 한 척의 예선이 밀어서 선박을 선회시키는 경우를 보여준다.

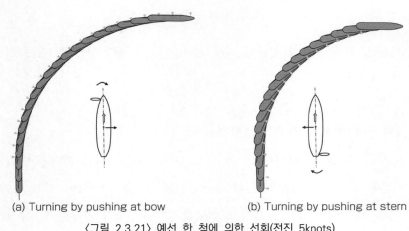

(a) Turning by pushing at bow　　　(b) Turning by pushing at stern

〈그림 2.3.21〉 예선 한 척에 의한 선회(전진 5knots)

이 두 경우에서 선미킥의 규모는 선박의 무게중심에 작용하는 횡력의 방향이 반대이기 때문에 다르다. 선수를 미는 경우 선미킥이 크게 발생하지 않는다. 하지만 선미를 미는 경우 매우 큰 선미킥이 나타난다. 이러한 점에서 두 방법은 서로 뚜렷하게 다르다.

선박을 90° 회전시키는데 요구되는 시간은 선수를 미는 경우에는 약 10분, 선미를 미는 경우에는 약 9분이 걸린다. 선회율의 증가나 요구되는 시간에 있어서 두 방법 사이에 큰 차이점은 없다. 선미를 밀어 선박을 회전시키는데 필요한 수역은 선수를 밀 때보다 앞 방향으로 선박의 폭 그리고 측면방향으로 선박의 길이만큼 다소 작다. 하지만 실제로는 5노트로 전진하고 있는 선박을 밀기 위해 예선이 자세를 유지하는 것이 상당히 어렵기 때문에 선회 효과는 감소될 수 있다.

(나) 예선 두 척에 의한 선회

〈그림 2.3.22〉는 선박이 5노트로 전진 중일 때 두 척의 예선이 각각 다른 방향에서 선수미를 밀어 선박을 회전시키는 경우를 보여준다.

반대 방향에 있는 두 척의 예선에 의해 선박 무게중심에 작용하는 횡력이 서로 상쇄되고 회전 모멘트는 두 척의 예선에 의해 가속된다. 하지만 90°를 회전시키기 위해 요구되는 수역은 전진에 따라 넓어질 것이다. 앞 방향으로 선박길이의 약 2.5배, 측면 방향으로 선박 길이의 약 1.5배의 수역이 요구된다. 하지만 실제로는 5노트로 전진하고 있는 선박을 밀기 위해 예선이 자세를 유지하는 것이 상당히 어렵기 때문에 선회 효과는 감소될 수 있다.

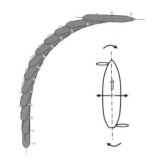

〈그림 2.3.22〉 예선 두 척에 의한 선회

3.4 일정한 방향으로 당길 때 선박 운동

〈그림 2.3.14〉~〈그림 2.3.22〉까지 보여지는 조종 시뮬레이션은 예선의 움직임에 상관없이 선박에 일정한 각도로 예선 추진이 작용한다는 전제하에 만들어졌다. 선박은 예선에 의해 발생하는 모멘트와 선체에 작용하는 유체 저항이 균형을 이루는 방향으로 예인된다.

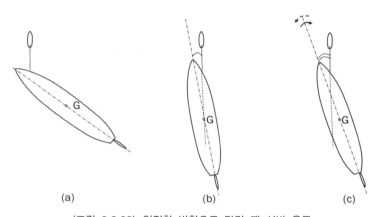

(a)　　　　　　　(b)　　　　　　　(c)

〈그림 2.3.23〉 일정한 방향으로 당길 때 선박 운동

유체 저항에 대한 고려 없이 〈그림 2.3.23〉(a)와 같이 예인 된다면, 예인방향과 예인줄의 방향은 〈그림 2.3.23〉(b)와 같이 선박 무게중심을 지나는 선과 일치된다. 하지만 실제 모멘트는 선박이 유체에 비스듬히 움직이기 때문에 영향을 미친다. 결과적으로 〈그림 2.3.23〉(c)에서와 같이 선박은 예선에 의한 시계방향 모멘트와 유체 저항에 의한 반시계 방향 모멘트가 균형을 이루어 사선으로 움직인다. 선박의 선수미선에 대한 실제 예인 방향 각도는 〈그림 2.3.23〉(b)에서 보여지는 것보다 더 커질지도 모른다.

3.5 선수 current에 의한 선회

선박이 조류가 있는 수역에서 회전할 때 예선의 원조가 있다 할지라도 유향 방향으로 표류할 수 있기 때문에 주의해야 한다.

〈그림 2.3.24〉(a)와 같이 예선이 선미에서 선박을 밀거나 당긴다면, 유체의 세기에 따라 달라지겠지만 선박의 무게중심에 작용하는 횡력이 유체의 유압에 반대로 작용하기 때문에 선박 표류는 예선에 의해 다소 억제될 수 있다. 반대로 만약 〈그림 2.3.24〉(b)와 같이 예선이 선수에서 선박을 밀거나 당긴다면, 예선에 의해 무게중심에 작용하는 횡력과 유체의 유압이 더해져 하류로 표류할 위험이 더 커진다. 그러므로 하류에 충분한 수역이 없을 때 이 방법은 피하는 것이 더 좋다.

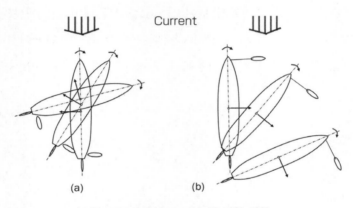

〈그림 2.3.24〉 선수 current에 의한 선회

3.6 소요 예선 추력

예선 지원이 가장 필요한 시간은 선박을 부두에 접안시키기 위해 선박이 부두와 평행하게 멈춰선 상태에서 측면으로 이동할 준비가 되어 있을 때이다. 부두로 접근하는 횡이동 속력은 15cm/sec보다 커서는 안 된다.

〈그림 2.3.25〉는 10m/sec의 해안으로부터 불어오는 바람과 0.1m/sec의 역조인 조건에서 선박이 15cm/sec의 측면으로의 이동 속

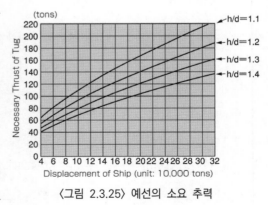

〈그림 2.3.25〉 예선의 소요 추력

력을 가지고 부두에 접근할 때, 수심(h)과 선박 흘수(d)의 비율(h/d)에 따른 예선의 소요 추력을 보여준다. 위의 그래프로부터 선박의 무게에 따른 예선의 소요 추력을 추론할 수 있을 것이다.

3.7 필요한 예선의 수

선박 조종을 지원하기 위한 예선의 수는 일반적으로 특정 지역에서 당시의 해상과 기상 상태, 지형, 부두의 수심, 접안과 이안 계획, 조종, 선박의 무게, 흘수, 트림, 선박의 특정한 설계에 의한 제한(엔진 마력과 종류, thruster 유무) 등에 대한 전반적인 고려가 필요하다. 일반적으로 선박이 재화중량 50,000톤 이상일 때는 2대의 예선, 100,000톤 이상일 때는 3~4척의 예선, VLCC와 같은 대형 선박에서는 5~6척의 예선을 사용한다.

인천항 예선운영세칙

[시행 2018. 10. 4.] [인천지방해양수산청고시 제2018-106호, 2018. 10. 4., 일부개정]

제1조(목적) 이 세칙은 「선박의 입항 및 출항 등에 관한 법률」 제23조 및 예선운영 및 업무처리요령 제16조에 따라 인천항 예선의 운영에 관한 사항과 예선 지도·감독에 관한 사항을 규정함으로써 인천항 입·출항 선박의 안전과 항만 시설의 보호를 도모함을 목적으로 한다.

(이하 중략)

제6조(예선사용기준) ① 선박별 예선사용기준은 다음 표와 같다.

(단위 : 마력/척)

구 분	1만 톤 GATE 입 총마력	총척수	1만 톤 GATE 출 총마력	총척수	5만 톤 GATE 입 총마력	총척수	5만 톤 GATE 출 총마력	총척수	선 거 내 접·이안 총마력	총척수	외 항 접·이안 총마력	총척수
2천톤 미만	1,300	1	1,300	1	1,300	1	1,300	1	1,300	1	1,300	1
2~3천톤	1,500	1	1,500	1	1,300	1	1,300	1	1,300	1	1,300	1
3~5천톤	2,600	2	2,600	2	2,600	2	2,600	2	2,600	2	2,600	2
5~7천톤	2,800	2	2,800	2	2,800	2	2,800	2	2,800	2	2,800	2
7~10천톤					4,800	2	3,000	2	3,000	2	3,000	2
10~15천톤					6,000	3	5,000	3	3,500	2	3,500	2
15~20천톤					7,000	3	5,500	3	4,500	2	5,000	2
20~30천톤					8,000	3	7,000	3	5,500	2	5,500	2
30~50천톤					9,000	3	7,500	3	5,500	2	6,500	2
50~70천톤					9,900	3	8,400	3	6,000	2	8,000~11,000	3
70~100천톤											10,500~13,000	4
100천톤 이상											13,500~18,000	4

② 도선사는 현장의 상황을 고려하여 본선 선장과 상의후 예선의 증감을 요구할 수 있다.

제7조(예선사용의 감소요건) ① 이·접안 보조장비를 설치한 선박은 당해 선장이 도선사와 협의하여 예선사용기준을 참고하여 결정한다.
② 동일한 선박에 승선하여 동일항만에 입항 또는 3년 이내에 9회 이상(위험물 또는 유류 적재선박의 경우 1년 이내에 6회 이상 또는 3년 이내에 15회 이상)이고 선장이 선박 이·접안의 안전상 문제가 없다고 판단한 경우에는 예선을 사용하지 아니할 수 있다. 단 도선 대상 선박은 도선사가 선장과 협의하여 예선사용 여부를 결정하여야 한다.

제8조(예선사용의 증가요건) 다음 각호의 경우에는 사용예선의 마력이나 척수를 증가하여 사용할 수 있다.
1. 순간 최대풍속이 13m/SEC 이상의 경우
2. 선저 여유수심이 30cm 미만인 경우
3. 자동차 전용선, 특수구도 선박 또는 위험화물 적재선박의 경우
4. 선장 또는 도선사가 예선의 사용 증선을 요청한 경우

3.8 예선 사용 시 주의사항

- 선속을 예선 지원이 가능한 6노트 이하로 제한할 것
- 비록 선속이 6노트 이하일지라도 dragging으로 인해 지원하는 예선을 전복시키는 위험이 존재 한다면 주의할 것
- 선박의 전진에 의해 예선이 측면으로 끌린다면 예선 사용을 피할 것
- 한 번에 많은 수의 예선을 사용할 때, 조선자 한 사람이 지휘할 것
- 다수의 예선을 다룰 때, 명령이 무엇인지 끊임없이 확인하고 명령을 내릴 때 신중을 기할 것
- 조선자는 사전에 예선 선장에게 명확한 조종 방법과 의도를 설명할 것
- 예선의 안전과 예선을 더 효과적으로 사용하기 위해서 선속을 적절하게 줄일 것

[IV] 외력의 영향

Chapter 1 : 바람의 영향

---

1. 풍압의 예측

1.1 Hughes's Formula

〈그림 2.4.1〉은 선박이 바람의 영향을 받으며 일정한 속도로 항주할 때 상대바람과 풍압 사이의 관계를 나타낸다.

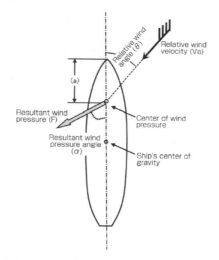

〈그림 2.4.1〉 상대바람과 풍압 사이의 관계

선체의 여러 부분에 영향을 미쳐 형성된 풍압의 합력을 'F'라고 하면, 풍압 합력으로부터 영향을 받는 지점은 풍압중심(center of wind pressure)이 된다. 이 경우 선수로부터 풍압중심까지의 거리는 'a'이고, 풍압 합력의 작용선(F)과 선수미선이 이루는 풍압각도는 'α'이다. 풍압 합력을 추론하기 위해서 Hughes's Formula가 사용된다.

$$F=\frac{1}{2}\rho_a C_a(A \cdot \cos^2\theta + B \cdot \sin^2\theta)V_a^2$$

ρ_a : 공기밀도($0.125kg \cdot sec^2/m^4$)　　C_a : 풍압 계수　　A : 정면 풍압 면적

B : 측면 풍압 면적　　V_a : 상대 풍속　　θ : 상대 풍향

1.2 풍압 합력 계수

풍압 합력의 크기는 상대 풍속(V_a)과 바람의 상대 각도(θ), 투영면적에 따라 달라진다. 선체 모양은 선박의 종류에 따라 풍압 합력 계수(C_a)에 반영된다. 비록 실제 선박의 정확한 풍압 합력 계수는 풍동 실험(wind tunnel model test)에 의해 결정되어야 하지만, 근사치 값은 〈그림 2.4.2〉에 보이는 것과 같이 선박 형태별 풍압 합력 계수를 동종 선박에 적용하여 얻을 수 있을 것이다.

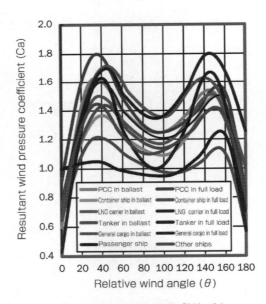

〈그림 2.4.2〉 선종별 풍압 합력 계수

1.3 풍압 각도

〈그림 2.4.3〉은 선종별 바람의 상대 각도(θ)와 풍압 합력 각도(α) 사이의 관계를 보여준다. 만재상태의 VLCC 이외의 선종은 선종 및 적재상태에 관계 없이 유사한 형태를 보이고 있다.

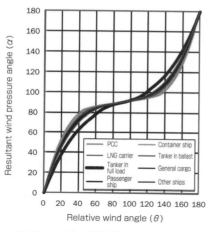
〈그림 2.4.3〉 상대바람과 풍압의 관계

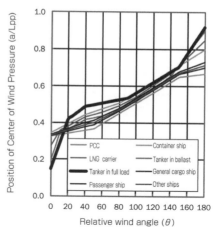
〈그림 2.4.4〉 풍압각과 풍압 중심의 관계

1.4 풍압 중심

풍압 중심은 바람의 상대 각도(θ)의 변화에 따라 움직인다. 〈그림 2.4.4〉는 바람의 상대 각도(θ)에 따른 풍압 중심의 변화를 보여주고 있다. 위 그래프에서 만재 상태의 VLCC를 제외하고 모든 선종이 유사한 형태를 보이고 있다.

선수에서 바람이 불어와 바람의 상대 각도가 작을 때 풍압 중심은 선수에 가깝다. 하지만 바람의 상대 각도가 커질수록 풍압 중심은 뒤로 이동한다. 바람이 정횡에 가까워지면 풍압 중심은 선체 중앙에 위치하고, 바람이 선미쪽으로 바뀌면 더 뒤쪽으로 이동한다.

1.5 풍압의 횡 요소

비록 풍속이 바뀌지 않더라도 선속이 감소하여 선속에 대한 풍속의 비율이 증가하면 바람의 영향은 눈에 띄게 증가한다. 이러한 영향은 접이안을 위한 항내 조선에서 눈에 띄게 나타나고, 측면 표류에 대한 각별한 주의가 요구된다. 바람의 영향으로 인한 선박의 측면 표류를 고려하여 예선을 사용할 시점을 결정하여야 한다. 이러한 풍압의 횡 요소(Y)는 다음의 식으로부터 추론할 수 있다.

$$Y = F \cdot \sin\alpha$$

실제 바람은 안정된 상태를 유지하지 않기 때문에 일반적으로 평균 풍속의 1.25배를 풍속으로 사용한다. 이러한 요소를 돌풍요소(gust factor)라고 하고 바람이 매우 강할 경우 1.25배 대신 1.5배를 사용한다.

〈그림 2.4.5〉~〈그림 2.4.8〉은 재화중량 300,000톤 VLCC, 6,000대 PCC, 6,000TEU 컨테이너선, 135,000m³ LNG운반선의 풍압 횡력을 보여준다. 이 그래프에서 풍속 18.75m/sec와 12.5m/sec는 평균 풍속 15m/sec와 10m/sec에 대한 돌풍요소 1.25를 곱하여 계산한 것이다.

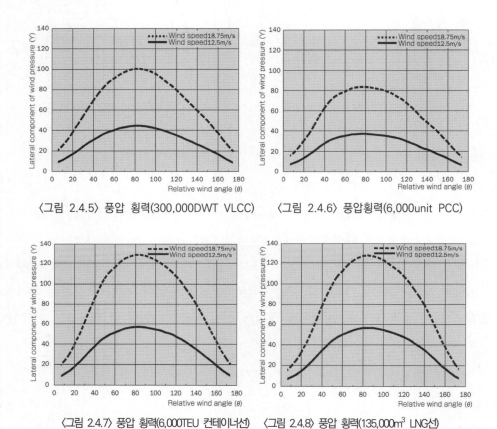

〈그림 2.4.5〉 풍압 횡력(300,000DWT VLCC)   〈그림 2.4.6〉 풍압횡력(6,000unit PCC)

〈그림 2.4.7〉 풍압 횡력(6,000TEU 컨테이너선)   〈그림 2.4.8〉 풍압 횡력(135,000m³ LNG선)

1.6 풍압 모멘트

풍압 합력(F)의 횡요소(Y)는 무게중심 주변에 회전 모멘트를 형성하여 선수를 회두시킨다. 이 모멘트는 다음 식으로부터 추론할 수 있다.

$$M = Y \cdot (\frac{1}{2}L{-}a) = F \cdot \sin \alpha \cdot (\frac{1}{2}L{-}a)$$

위의 식에서 상대 풍향(θ)이 0°나 180°로써 풍압 합력 각도(α)가 0°나 180°도일 때 풍압 모멘트는 생성되지 않는다. 바람의 상대 각도가 사선 앞쪽에서 올 때 선수가 풍하로 회두하기 위한 모멘트가 생성될 것이고, 사선 뒤쪽에서 올 때 선미가 풍하로 회두하는 모멘트가 형성될 것이다. 실험 결과로부터 얻어진 풍압 중심의 위치를 〈그림 2.4.4〉에서 확인 할 수 있다. 실험을 통한 풍압 중심의 위치는 다음의 식으로부터 대략 추론할 수 있다.

$$a = (0.291 + 0.0023\theta)L$$

풍압의 횡요소는 다음의 식으로부터 추론할 수 있다.

$$Y = Y_{max} \cdot \sin\theta$$

풍압 모멘트는 다음의 식으로부터 추론할 수 있다.

$$M = Y_{max} \cdot \sin\theta \times \{0.5L-(0.291 + 0.0023\theta)L\}$$
$$= Y_{max} \cdot L \times (0.291 + 0.0023\theta) \sin\theta$$

〈그림 2.4.9〉는 바람의 상대 각도에 대한 풍압 모멘트를 개략적으로 보여준다.

〈그림 2.4.9〉에 따르면 풍압 모멘트는 바람의 상대 각도가 약 40°와 140°일 때 최대가 된다. 따라서 상대바람이 40° 전방 또는 후방으로부터 불어올 때 주의가 필요하다.

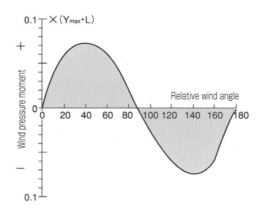

〈그림 2.4.9〉 바람의 상대 각도에 대한 풍압 모멘트

2. 바람에 의한 회두작용

2.1 바람에 의한 회두

선박이 바람을 전방에서 받으며 항주 할 때에는 풍압이 증가하기 때문에 선속이 느려지고, 선미에서 받을 경우 선속이 증가한다. 선박이 사선으로 바람을 받으며 항주 할 때, 풍압의 횡요소로 인한 표류 때문에 사선으로 항적을 그리게 된다.

〈그림 2.4.10〉과 같이 선박이 사선으로 움직일 때, 물에 잠긴 선수의 풍하측에 해당되는 부분에서 발생되는 수압저항이 선수를 풍상측으로 회두시키는 선회모멘트를 만들어낸다. 이러한 영향을 'head pusher'라고 하며, 이는 선박을 항상 풍상측으로 회두하게 만든다.

따라서 바람을 받으며 항주 할 때에는 바람으로 인한 선회 모멘트와 head pusher로 인한 선회 모멘트가 동시에 선박에 영향을 미친다. 선수방위는 이러한 두 모멘트의 합력에 따라 풍상 또는 풍하측으로 회두하게 된다.

2.2 전진 중 선수가 풍상측으로 회두하려는 경향

선박이 바람의 영향으로 사선의 항적을 그리며 전진할 경우, head pusher의 작용점은 바람의 상대 각도가 작은 경우 선수에 가깝다. 그러므로 head pusher 또는 풍압 중 강한 쪽의 영향을 받아 선박은 선회할 것이다. 대개의 경우 선수방위는 풍상측으로 선회하는데 이는 유체저항이 공기저항보다 더 크기 때문이다.

바람의 상대 각도가 점점 커져 정횡에 가까워질수록 풍압의 중심이 선박의 무게중심에 가까워지고, 선수를 풍하측으로 회두하게 하는 모멘트는 작아지기 때문에 선수가 풍상측으로 회두하려는 경향은 더 강해질 것이다. 바람의 상대 각도가 더 커져 선박이 뒷바람을 받으며 항주 할 때에는 풍압 중심이 무게중심보다 선미쪽으로 이동함에 따라 풍압에 의해 선미를 풍하측으로 회두시키는 모멘트와 선수를 풍상측으로 회두시키는 head pusher가 더해져 회두가 더 심해질 것이다. 이와 같이 선박이 바람의 영향을 받으며 항주하는 동안 풍상측으로 회두하려는 경향을 *선수의 향풍성(disposition of bow to turn toward the wind)*이라고 한다.

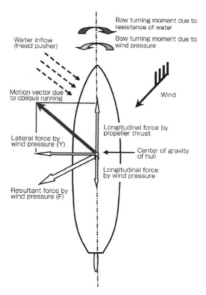

〈그림 2.4.10〉 전진 시 미치는 영향

　〈그림 2.4.11〉은 3,500TEU 컨테이너선이 타를 중앙에 두고 20m/sec의 사선 방향의 바람을 받으며 8노트로 항주 할 때 실험 결과를 바탕으로 풍상측으로 회두하는 정도를 보여준다.

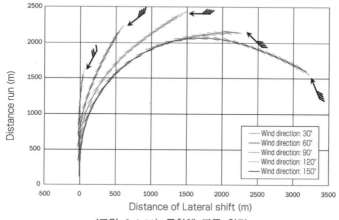

〈그림 2.4.11〉 풍향에 따른 항적

　이 그림은 풍상측으로 회두하는 경향이 바람의 상대 각도마다 차이가 난다는 것을 보여주고 있다. 선박은 마침내 안정된 최후의 각도만큼 회두한 채 선수를 유지하여 직진으로 항주한다.

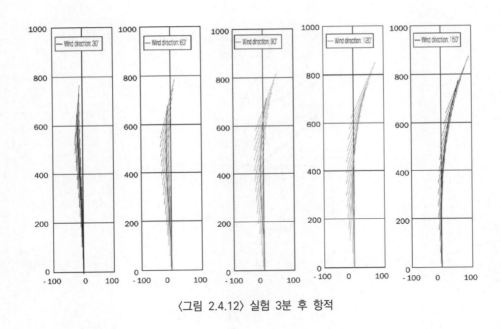

〈그림 2.4.12〉 실험 3분 후 항적

    〈그림 2.4.12〉는 실험이 시작된 후 3분 동안의 자세한 항적을 보여준다. 바람의 상대 각도가 정선수에서 정횡인 동안에는 풍압 모멘트가 head pusher 모멘트에 저항하기 때문에 선박은 천천히 회두한다. 하지만 이 기간 동안 선박은 풍하측으로 크게 표류한다.

    선박이 뒷바람을 받으며 항주 할 때에는 풍압에 의한 모멘트와 head pusher에 의한 모멘트 때문에 선수가 풍상측으로 회두하는 경향이 더 강해진다.

2.3 후진 중 선미가 풍상측으로 돌아가려는 경향

    선박이 선미에서부터 불어오는 사선방향 바람의 영향을 받으며 후진 중일 때, 사선 항적으로 인한 강한 head pusher 때문에 선박의 선미는 항상 풍상쪽으로 돌아가려고 한다.

    선미에서부터 불어오는 바람의 상대 각도가 작을 경우, 풍압중심은 선미에 가깝게 위치하므로 선미를 풍하측으로 돌리는 모멘트가 작용한다. 그러므로 head pusher에 의한 모멘트와 풍압에 의한 모멘트 중 보다 큰 쪽의 영향을 받아 선미는 선회할 것이다. 대개의 경우 유체저항이 공기저항 보다 크기 때문에 선미는 풍상측으로 회전한다.

    바람의 상대 각도가 점점 커져서 정횡에 가깝게 변화할수록 풍압의 중심이 무게중심에 더 가까워지고 선미를 풍하측으로 회전시키는 바람에 의한 모멘트가 감소하기 때문에 선미가 풍상측으로 회전하는 경향이 더 강해진다. 바람의 상대 각도가 더욱 커지면 풍압

중심이 선박 무게중심보다 앞으로 이동하여 선박의 선수를 풍하측으로 회전시키는 바람의 작용으로 인한 선회 모멘트가 커지고, 선미를 풍상측으로 회전시키는 head pusher 효과로 인해 선미의 회전은 더욱 향상될 것이다. 선박이 바람의 영향을 받으며 후진하는 동안 풍상측으로 선미가 회전하는 경향을 *선미의 향풍성(disposition of stern to turn toward the wind)*이라고 한다.

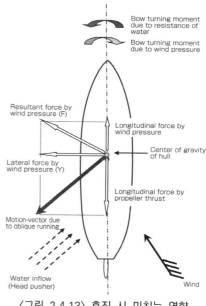

〈그림 2.4.13〉 후진 시 미치는 영향

　선박이 후진 중일 때, 선박이 전진할 때와 비교하여 충분한 조종성을 갖기 힘들기 때문에 오직 타만을 이용하여 풍상측으로 회전하는 선미를 제어하는 것은 어렵다. 바람이 강하게 불 때 이러한 회전 경향을 제어하기 위해서는 앵커, Bow thruster, 예선을 이용하고 있다.

2.4 바람으로부터 멀어지려는 경향

　선박이 저속으로 항주 중이고 풍속이 선속에 비해 상대적으로 클 때에는 풍압에 의한 모멘트의 효과가 뚜렷하게 나타난다. 바람의 상대 각도가 작고 선수 가까이에서 바람을 받으며 전진할 때 또는 선미 가까이에서 바람을 받으며 후진할 때 선수 또는 선미를 풍하측으로 돌아가게 하는 풍압 모멘트의 효과는 점점 강해진다. 이러한 경우와 같이, 때때로 선수 또는 선미가 풍하측으로 돌아갈 수도 있다. 이러한 경향을 *선수 또는 선미의 이풍성 (disposition of bow and stern to turn away from wind)*이라고 한다.

3. 바람이 선박 조종에 미치는 영향

3.1 풍압에 의한 조종성능의 한계

(1) 선수방위를 유지하기 위한 최저 속력

풍상측으로 회두하는 경향을 상쇄하고 선박의 선수방위를 유지하기 위해서는 조타가 하나의 방법이 된다. 그러나 선속이 감소할수록 조종성능이 감소하기 때문에 선수방위를 유지하는 것이 어려워진다. 이는 비록 풍속이 변하지 않더라도 선속에 대한 풍속 비율이 더 커질 때에도 마찬가지이다. 그러므로 풍상측으로 회두하려는 경향을 상쇄시키고 선수방위를 유지할 수 있는 최저 속력에 대해 알아야 한다.

풍압의 영향 아래에서 타를 이용하여 선수방위를 제어하기 위해서는 풍압 모멘트와 선박의 비스듬한 항적으로 인한 유체저항을 타에 의한 선회 모멘트로 상쇄시켜야 한다.

$$M_a + M_w + M_r = 0$$

M_a : 풍압 모멘트
M_w : 선박의 비스듬한 항적으로 인한 유체저항
M_r : 특정 속력에서의 타에 의한 모멘트

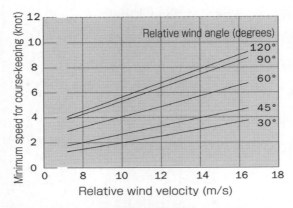

〈그림 2.4.14〉 선수방위를 유지하기 위한 최저 속력

〈그림 2.4.14〉는 바람에 가장 예민한 선종 중 하나인 2,300대 PCC가 타각 15°를 줬을 때 필요한 최저속력을 보여주고 있다. 60° 이내의 작은 상대바람 각도인 경우 15m/sec로 바람이 불어올 때 선박은 최소 6노트의 속력에서 선수방위를 유지할 수 있고, 상대바람 각이 정횡에서 선미로 바뀌는 경우 8노트 혹은 그 이상의 속력에서 선수방위를 유지할 수 있다.

(2) 선수 방위 또는 침로 유지의 한계조건

안전한 선박 조종의 관점에서 풍압의 효과를 상쇄하고 선수방위를 유지하기 위한 이상적인 조타각은 15° 이내이다. 그러나 강풍이 불 때, 비록 선수방위를 간신히 유지할지라도 선박은 풍하측으로 표류하게 된다. 다시 말해 선수방위를 유지할지라도 원래 침로는 유지할 수 없는 것이다. 이러한 경우 선박이 원래 침로로 항주하기 위해서 편각(drift angle)을 상쇄시킬 필요가 있다.

<그림 2.4.15>에서 실선은 4,500대 PCC의 시뮬레이션 결과이며, 편각을 상쇄시키기 위해 최대 반대타각을 사용함으로써 원래 침로를 유지하는 능력을 나타낸다. 대조적으로 점선은 같은 선박이 15° 또는 그 이하의 조타각으로 선수 방위를 유지하는 능력의 한계를 나타낸다.

그래프에서 알 수 있듯이 조타각이 15° 또는 그 이하일 때, 선수에서 정횡으로 부는 사선 바

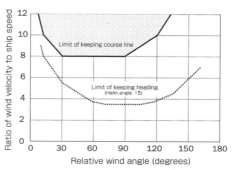

<그림 2.4.15> 침로와 선수방위 유지 한계

람에 대한 선속 대비 풍속비가 4를 초과하면 조종성능 한계를 초과했다고 여겨지고 풍압의 영향으로 인해 선박이 더 이상 선수방위를 유지할 수 없다는 것을 의미한다.

반대로, 선수에서 불어오는 바람의 경우에는 같은 조타각으로 선수방위를 유지하는 것이 선속 대비 풍속비가 6~8까지 가능하다. 예를 들어, 선속 대비 풍속비가 4일 때 선속이 6노트 그리고 8노트이면 실제 풍속은 각각 12m/s, 16m/s가 될 것이다. 또한 조타각이 35°일 때, 선수에서 정횡으로 부는 사선 바람에 대한 선속 대비 풍속비가 8을 초과한다면, 조종성능 한계를 초과했다고 여겨지고 선박이 풍압에 압류되어 침로를 유지하지 못하고 풍하측으로 밀려날 것이다.

3.2 풍압의 영향하에서 조종성의 한계

(1) 변침 한계 조건

<그림 2.4.16>은 4,500대 PCC가 바람의 영향 하에서 15°의 조타각으로 90°로 변침했을 때 조종성능의 제한을 보여준다.

이 경우 선수방위가 90°에 도달하기 전 선회율이 없어진다면 조종이 불가능하다고 간주된다. 그림에서 수평축은 상대바람 각도, 수직축은 선속 대비 풍속비, 음영구간은 90° 변침이 불가능하다는 것을 나타낸다.

선박이 우현에서 불어오는 바람에 맞서 우현(풍상측)으로 선회하려 할 때, 선속 대비

풍속비가 8이 넘어간다면 90° 변침은 어려워진다. 반면 선박이 좌현에서 불어오는 바람을 따라 우현(풍하측)으로 선회하려 할 때, 선속 대비 풍속비가 4가 되었을 때 90° 변침은 어려워진다.

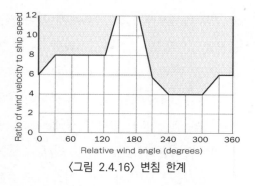

<그림 2.4.16> 변침 한계

이와 같은 현상을 설명하기 위해서 선박이 우현 선수로부터 바람을 받으며 선회할 때와 선미 쿼터로부터 바람을 받으며 선회할 때를 비교해보면, 두 경우 모두 선회의 첫 단계에서는 풍압에 의한 선회 모멘트는 타압 모멘트와 반대로 작용한다. 그러나 선박의 사선 항적으로 인해 생긴 유체 저항에 의한 모멘트는 바람이 우현 선수에서 불어올 때에는 타압 모멘트와 같은 방향으로 작용하지만, 바람이 좌현 선미 쿼터로부터 불어올 때에는 타와 반대로 작용한다. 이것이 바람이 좌현에서 불 때 우현변침이 더 어려운 이유이다. 게다가 90° 변침이 완료되기 이전 선회율이 유지가 될 것인가는 풍압 모멘트, 유체저항, 타에 의한 모멘트 사이의 관계에 달려있다.

(2) 정박지 접근 시 풍압 효과

선박이 정박지에 접근할 때, 작은 타력으로 정박지에 접근할 수 있도록 정박지로부터 적당한 거리에서 엔진을 정지시켜야 한다. 이 단계에서 선속 대비 풍속비가 커짐에 따라 바람의 영향이 상대적으로 커지게 된다. 그 결과 선박이 정박지에 접근하면서 선체는 풍하측으로 밀려나게 되고, 선수방위가 본 침로로부터 벗어나게 된다. 이런 경우 조선자는 선수의 편향과 바람의 영향으로 인한 표류에 대해 최적의 조치를 취해야 하고, 타를 이용하여 선박 조종성을 유지하는 것이 어렵다는 것을 명심해야 한다.

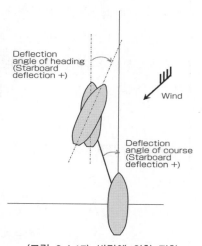

<그림 2.4.17> 바람에 의한 편향

〈그림 2.4.17〉은 바람의 영향으로 인한 침로 및 선수방위의 편향을 보여준다. 선박이 바람과 유체의 영향을 받으며 보통의 상태에서 운항할 때 침로의 편향은 풍압차(leeway)와 같다.

〈그림 2.4.18〉은 4,500대 PCC가 타를 중앙으로 한 상태에서 선박 길이의 절반만큼(좌

측), 선박의 길이만큼(우측) 나아간 후 엔진을 정지했을 때 타력에 의한 침로의 편향과 선수방위의 편향에 대한 실험 결과를 보여준다. 선박이 특정 거리만큼 나아가는 동안 바람의 영향은 항만에 접근하는 선박의 선속 범위 결정에 적용되고, 조선자에게 바람의 영향을 미리 예측할 수 있도록 하는 유용한 정보가 된다. 가로축의 침로 편향은 선박의 길이에 근거한 표류거리로 대체할 수도 있다.

예를 들어, 선박 길이의 절반×sin(침로의 편향)과 선박 길이×sin(침로의 편향)은 선박 길이 절반만큼 또는 선박 길이만큼 항주하는 동안 각각의 표류거리와 같다. 그러므로 선박 조선자는 편향각과 거리로부터 표류를 계산하여 대략적인 바람의 영향을 알 수 있다.

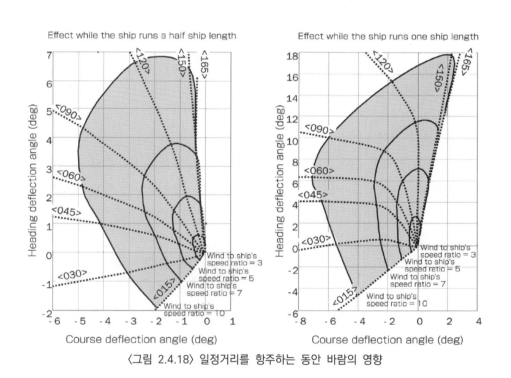

〈그림 2.4.18〉 일정거리를 항주하는 동안 바람의 영향

(3) 정지한 선박의 횡 표류

선박 조선자는 부두 전면에서 정지해 있을 때 육지로 향하는 정횡 방향의 표류에 가장 주의해야 한다. 선박의 표류 속도는 다음의 식으로 계산할 수 있는데, 이 식은 수선 위 선체에 작용하는 풍압과 수선 하 선체에 작용하는 물의 저항이 평형을 이룬다고 가정한다.

$$\frac{1}{2}\rho_a C_a B_a V_a^2 \;=\; \frac{1}{2}\rho_w C_w B_w V_w^2$$

ρ_a : density of air(0.125kg · sec²/m⁴)
ρ_w : density of water(104.5kg · sec²/m⁴)
C_a : coefficient of the lateral component of wind pressure above water
C_w : coefficient of the lateral component of water resistance below water
B_a : side projected area above water
B_w : side projected area below water
V_a : relative wind velocity
V_w : relative velocity of a ship's shull against water

$$V_w \;=\; \sqrt{\frac{\rho_a}{\rho_w}\cdot\frac{C_a}{C_w}\cdot\frac{B_a}{B_w}}\;\cdot V_a$$

위의 식에서 C_a/C_w와 B_a/B_w는 선박마다 다르지만, PCC에서 근사값으로 C_a/C_w를 1.3, B_a/B_w를 3.0이라 하면 다음의 식이 도출된다.

$$V_w \;=\; 0.068\,V_a$$

위의 식으로부터 예측된 값은 선박이 횡방향 바람의 영향을 받을 때 일정한 비율로 횡으로 표류하는 것을 나타낸다. 실제로, 바람의 영향으로 인해 선박이 횡으로 표류하는 속력은 단계적으로 증가하며, 일정한 속력은 2~3분 후에 도달한다.

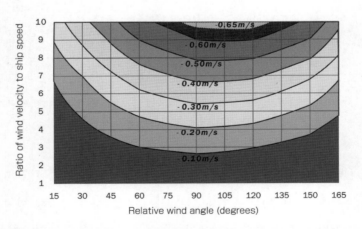

〈그림 2.4.19〉 바람의 영향에 의한 횡표류 속력 실험 결과(120초)

〈그림 2.4.19〉는 4,500대 PCC가 선속 대비 풍속비와 상대풍향의 다양한 조합에서 바람의 영향을 받기 시작한 후 120초 동안의 횡 표류 속력 실험 결과이다. 예를 들면, PCC

가 부두 전면에서 10m/s 정횡풍을 맞으며 전진 속력이 2노트일 때, 선속 대비 풍속비는 10이 된다. 그리고 120초 이후 추정되는 횡표류 속력은 0.65m/s가 된다. 〈그림 2.4.20〉 은 바람의 영향을 받기 시작한 후 30초 동안의 횡 표류 속력을 보여준다.

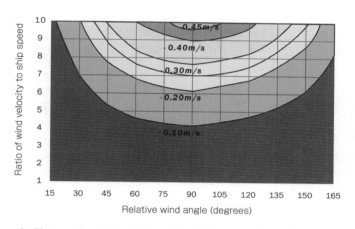

〈그림 2.4.20〉 바람의 영향에 의한 횡표류 속력 실험 결과(30초)

Chapter 2 : 수류의 영향

1. 유압력

물의 밀도는 공기의 밀도보다 836배 크기 때문에 수류(current)가 선박에 미치는 영향은 상당하다.

선체가 유체 중에서 운동 할 경우 유체에 의해 여러 가지 저항을 받게 되며, 이러한 유체의 저항성분 중에서 선체의 가속도 운동에 기인되는 관성력에 의한 부가질량이 크게 작용하게 되며, 선박과 같이 물체가 수중에 잠겨있는 경우에는 유체의 밀도에 의해 매우 현저한 값을 나타내게 된다. 또한 동일한 선박일지라도 선체의 운동방향, 가속도의 크기, 수심이나 항해구역 등에 따라서도 부가질량은 각기 다른 값을 나타낸다.

유체 저항의 선수미 성분은 선박의 속력에 영향을 미친다. 수류가 역방향일 때 선박의 대지속력은 감소하고, 수류가 순방향일 때 대지속력은 증가한다. 선박이 유체 저항을 비스듬하게 받을 때 유체 저항의 선수미 성분은 작고 유체 저항의 대부분은 횡력으로 작용하여 선박을 하측(leeward)으로 표류시키고 상당한 선회 모멘트를 갖게 한다. 유체 저항의 측면 성분의 크기는 다음의 식에 나타난 것과 같이 물에 잠긴 선측의 면적과 상대적 수류 속도에 달려있다. 식에서 수면하 선박 모양에 따른 차이는 측면 유압 계수 'C$_w$'에 반영되어 있다.

유압횡력계수는 h/d에 따라 크게 달라진다. UKC가 작아질수록 선체를 횡으로 이동시키는데 보다 큰 힘이 필요하다는 것을 알 수 있다. 〈그림 2.4.21〉은 OCIMF에서 제시하고 있는 값으로 Tanker선에 대한 모형시험 결과값이며(OCIMF, 2008), 기타 다른 선종에 대한 유압횡력계수에 대한 연구는 그리 많지 않다.

$$R_w = \frac{1}{2}\rho_w C_w L d V_w^2$$

R_w : 유체저항의 측방성분 ρ_w : 물의 밀도 $(104.5\text{kg} \cdot \text{sec}^2/\text{m}^4)$

C_w : 측면 유압 계수   L : 선박 길이   d : 선박의 흘수

V_w : 유체에 대한 선체의 상대속도 (수류의 상대속도)

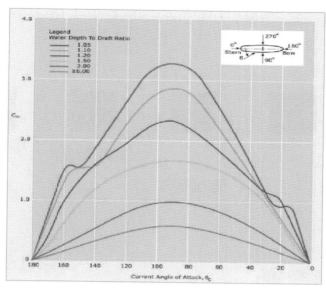

〈그림 2.4.21〉 측면 유압 계수(loaded tanker)

측면 유압 계수는 선박마다 다르기 때문에 모형실험을 통해 정해져야 한다. 하지만, 다음의 식을 통해 VLCC에 대한 대략적인 값을 얻을 수 있다. 유향이 정횡이고 h/d가 충분히 클 때 'C$_w$' 값은 거의 '1'에 가깝다. LNG선, 컨테이너선, PCC의 상대 수류각 'β'가 90°일 때 'C$_w$' 값은 VLCC 값의 약 90%, 85%, 75% 정도이다.

$$C_w = \left\{ \frac{0.750}{\dfrac{h}{d} - 0.900} + 1 \right\} \sin\beta$$

유압횡력계수를 정리하면 〈표 2.4.1〉과 같다. 여기에서 알 수 있듯이 Yoon이 제시한 일반선형의 유압횡력계수가 가장 크게 제시되어 있으며, 동일한 VLCC 선형에 대해서도 유압횡력계수 값에 다소 차이가 있는 것으로 확인된다.

〈표 2.4.1〉 Lateral Current Force Coefficient (β=90°)

h/d	1.6	2.0	3.0
OCIMF (VLCC)	1.6	1.4	1.0
Yoon (General)	2.2	1.6	1.5
Inoue (VLCC)	2.1	1.7	1.4

OCIMF(2008)의 VLCC를 예로 UKC에 따른 유압력의 크기를 비교하면 〈그림 2.4.22〉와 같다.

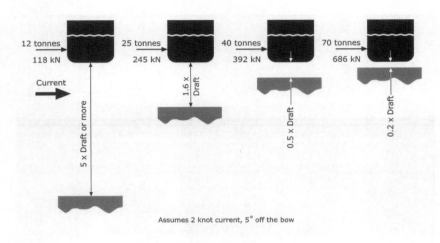

<그림 2.4.22〉 UKC에 따른 유압력의 크기

선회 모멘트는 다음의 식을 통해서 구할 수 있다.

$$M_w = \frac{1}{2}\rho_w C_{mw} L^2 d V^2_w$$

수심이 충분할 때, VLCC의 상대 수류각 'β'에 대한 유체 저항 모멘트 계수 'C_{mw}'의 대략적인 값은 다음의 식으로부터 추론할 수 있다.

$$C_{mw} = 0.1\sin(2\beta)$$

2. 실선 예인실험을 통한 유압횡력계수 추정

2.1 예인실험

(1) 실험장치

실험장치의 구성은 장력을 계측하는 로드셀 1개, 장력값을 표시 및 저장하는 노트북 1개, 로드셀과 예인삭 및 비트에 연결하는 샤클 2개 그리고 와이어 1개로 구성된다. 로드

셀의 사양은 〈그림 2.4.2〉와 같이 최대 20톤까지 장력 측정이 가능하고, 샤클과 와이어의 파단강도는 40톤이다.

〈표 2.4.2〉 Specification of load cell

Model	RCHTC-20T
Range	0~20 tonf
Rated output	2.0 mV/V ± 0.2 %
Combined error	0.03 %
Excitation	DC 10 V
Breaking load of shackle & wire	40 tonf

〈그림 2.4.23〉 Bollard pull load test on the berth

(2) 실선실험

대상선박은 〈표 2.4.3〉과 같이 목포해양대학교 실습선이며, 실선실험은 2014년 3월 17일 실시되었다. 예선은 〈표 2.4.4〉와 같이 국제1호와 국제3호가 사용되었으며, 예인삭은 예선에 설치된 직경 100mm의 폴리프로필렌 로프(파단강도 90톤)를 사용하였다. 실험은 수심이 8m인 목포해양대학교 실습선 부두 이안 조선시와 〈그림 2.4.24〉와 같이 수심이 15m인 목포항 불무기도 인근 묘박지 부근에서 선수방위가 180°인 상태에서 북향인 조류에 직각방향인 동측으로 예인 실험을 실시하였으며, 〈표 2.4.5〉에서와 같이 풍향/풍속은 남풍 7m/s, 창조류 0.7m/s, 파고 0.5m 미만 조건에서 실시되었다.

〈표 2.4.3〉 Ship's particulars of T.S. SAEYUDAL

Item	Dimensions
LBP	93.0 (m)
B	14.5 (m)
Draft	5.0 (m)
G/T	3,644 (ton)
Displacement	4,060 (ton)
Block coefficient	0.598
Wetted surface area	1,597 (m2)
Transverse projected area	188 (m2)
Lateral projected area	1,012 (m2)

〈표 2.4.4〉 Tugboat's particulars

Tug Boat	Kukje No.1	Kukje No.3
G/T	124 (ton)	145 (ton)
Horse power	2,800 (hp)	1,700 (hp)
Type of propeller	Z-P	Z-P
Rope	Polypropylene, 100 (mm)	Polypropylene, 100 (mm)
Towing point	port bow at berth port quarter at anchorage	port quarter at berth port bow at anchorage

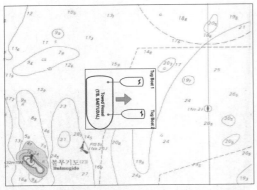

〈그림 2.4.24〉 Area of towing experiment

〈표 2.4.5〉 Environmental and towing condition

Position	berth	anchorage
Wind velocity & direction	7 (m/s), S	7 (m/s), S
Current speed & direction	0.0 (m/s)	0.7 (m/s), N
Wave height	0.0 (m)	0.5 (m)
Depth & h/d	8 (m), 1.6	15 (m), 3.0
Towing speed	0.51 (m/s)	0.62 (m/s)
Length of tow line	30 (m)	30 (m), 60 (m)

풍속은 실습선 풍속계를 통하여 계측되었고, 파고는 0.5m 미만으로 영향이 상대적으로 작아 계산에서 생략하였으며, 조류는 정박지 부근에서 표류(drifting)하면서 실습선 선속계를 통하여 확인하였다. 부두에서 이안할 때에는 부두 전면으로써 조류의 영향을 무시하였으며, 정박지에서도 조류의 방향과 직각이 되는 방향으로 예인함으로써 조류의 영향을 최소화하였다.

〈그림 2.4.25〉 및 〈그림 2.4.26〉은 목포해양대학교 실습선 부두 및 불무기도 인근 묘박지 부근에서 선수미 2척의 예선이 횡방향으로 예인하고 있는 모습을 보여주고 있다. 각종 계측값의 정확한 비교를 위하여 출항전에 실습선의 시각과 실험장치의 시각을 동일하게 설정하였으며, 정지상태인 피예인 선박을 4~6분 정도 일정한 속력으로 예인하면서 저항을 계측하였다.

〈그림 2.4.25〉 Towing at the MMU berth

〈그림 2.4.26〉 Towing near by Bulmugido anchorage

2.2 실험결과 및 분석

h/d 변화에 따른 유압횡력계수를 비교하기 위하여 수심이 서로 다른 곳에서 예인실험을 실시하였고, 또한 예선의 배출류에 의한 영향을 확인하기 위하여 예인삭의 길이를 변경하여 실시하였다.

(1) 수심 변화에 따른 유압력 분석

〈그림 2.4.27〉은 수심이 8m인 목포해양대학교 실습선 부두에서 횡방향 예인에 의한 선수미에서의 장력변화를 보여주고 있으며, 〈그림 2.4.28〉은 수심이 15m인 불무기도 인근 묘박지 부근에서의 장력변화를 보여주고 있다(예인삭 길이 30m).

〈그림 2.4.27〉을 살펴보면, 선수미 장력을 합한 총장력은 예인 초기에 최대장력인 19.0톤이 측정되었는데, 이는 정지상태인 피예선의 속력을 높이는 과정에서 순간최대장력이 작용한 것으로 판단되고, 점차 예인속력이 증가하여 1kt(0.51m/s)의 일정한 예인속력이 유지된 10시 47분 30초부터 10시 49분 00초까지의 점선으로 표시된 후반부 구역에서는 평균값 13.8톤의 장력이 작용하고 있음을 알 수 있다.

그 이후에 장력이 증가하면서 큰 폭으로 변화가 일어난 부분은 당시 약 300미터 떨어진 입항 차도선의 항주파 영향에 의해 형성된 것으로 판단되며 본 연구에서는 분석 대상에서 제외하였다(항주파가 선체 측면까지 밀려와 부딪히면서 찰랑거리는 모습을 저자가 현장에서 직접 계측치를 보면서 확인하였다).

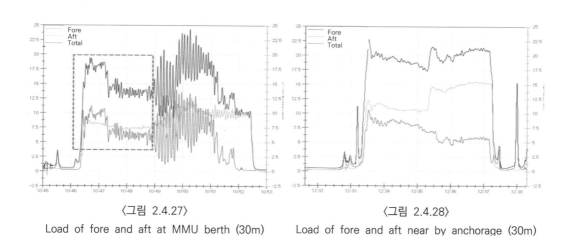

〈그림 2.4.27〉

Load of fore and aft at MMU berth (30m)

〈그림 2.4.28〉

Load of fore and aft near by anchorage (30m)

〈그림 2.4.28〉을 살펴보면, 12시 33분 30초부터 12시 37분 00초까지의 선수미 총장력

평균값은 20.0톤으로 계측되었고, 이 중 선미의 장력이 평균 13.0톤 그리고 선수의 장력이 7.0톤으로 확인된다. 선미의 장력이 크게 계측된 것은 묘박지 부근에서의 실험에서는 선미의 국제1호가 출력이 더 강하게 작용되었던 것으로 확인되었다. 그 결과 예인과정에서 선수방위가 180°에서 200°까지 선회되면서 예인되었으며, 그로 인하여 조류의 영향을 20° 방향으로 받아 예인 시 상대 유속이 높아지는 결과를 초래하였다.

〈그림 2.4.27〉 및 〈그림 2.4.28〉의 예인실험 실측치와 비교하기 위한 이론계산 조건과 이론계산 결과는 〈표 2.4.6〉 및 〈표 2.4.7〉과 같다.

〈표 2.4.6〉에서와 같이 실제 실험에서는 상대적인 풍속 및 유속이 적용되고, 해당 수심에 해당되는 h/d에 따른 유압횡력계수를 적용하여 유압력을 계산하였다.

〈표 2.4.6〉 Input factors for theoretical calculation

Input factor	Berth	Anchorage
Relative Wind velocity & direction	8.0 (m/s), P150°	7.0 (m/s), P030°
Relative Current speed & direction	0.51 (m/s), P090°	0.77 (m/s), P090°
h/d	1.6	3.0
Lateral current force coefficient	(A) 1.9	(A) 1.3
	(B) 2.0	(B) 1.5

〈표 2.4.7〉 comparison of theoretical value and experiments

Resistance	Berth (h/d=1.6)	Anchorage (h/d=3.0)
Wind (ton·f)	2.0	1.2
Current (ton·f)	12.0 (C_y=1.9)	(A) 18.7 (C_y=1.3)
	12.6 (C_y=2.0)	(B) 21.5 (C_y=1.5)
Total (ton·f)	(A) 14.0	(A) 19.9
	(B) 14.6	(B) 22.7
Experiments	13.8	20.0

〈표 2.4.7〉과 같이 이론계산 결과, 수심 8m인 목포해양대학교 실습선 부두에서 h/d=1.6에서의 유압횡력계수를 1.9로 사용할 경우 총저항은 14.0톤으로 〈그림 2.4.27〉에서 실측된 13.8톤의 장력과 거의 유사함을 알 수 있다.

또한 수심이 15m인 불무기도 인근 묘박지 부근에서의 총저항은 h/d=3.0에서의 유압횡력계수를 1.3으로 가정할 경우 19.9톤이고, h/d=3.0에서의 유압횡력계수를 1.5로 가정할 경우 22.7톤이 된다. 〈그림 2.4.28〉에서 실측된 20.0톤의 장력과 비교해 보면 유압횡력계수를 1.3의 값을 사용해야 일치된다고 볼 수 있다. 이는 〈표 2.4.1〉에서 제시된 유압횡력계수의 범위에 상당히 일치하는 값이다.

(2) 예인삭 길이 변화에 따른 고찰

〈그림 2.4.29〉는 〈그림 2.4.28〉과 비교하여 예인삭의 길이를 제외한 모든 조건은 동일한 조건으로 예인실험이 실시되었다. 〈그림 2.4.29〉에서와 같이 예인삭의 길이를 30m에서 60m로 변경하여 실시한 12시 39분 30초부터 12시 43분 00초까지의 평균 장력은 20.0톤으로 〈그림 2.4.28〉과 거의 유사한 패턴을 보이고 있어 예인삭을 30m 이상 사용할 경우 배출류에 의한 영향은 거의 없는 것으로 판단된다. 예선의 배출류 영향은 횡방향 예인 시 예인효율을 상당히 떨어뜨릴 수 있기 때문에 적절한 예인삭의 길이에 대한 제시가 필요하고, 이는 사용한 추력과 피예선과의 거리에 따라 달라질 수 있으므로 추후 다양한 실험이 필요할 것으로 판단된다.

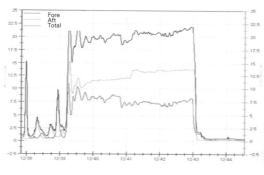

〈그림 2.4.29〉 Load of fore and aft near by anchorage (60m)

〈그림 2.4.30〉 배출류의 영향

3. 조종에 대한 수류의 영향

선박이 일정한 수류를 받으며 선회할 때 선박의 선수방위는 수류의 방향에 따라 점진적으로 변한다. 선체에 작용하는 유체 저항은 선박이 수류를 따라 또는 수류에 반하여 나아가도록 밀어내고 선박의 항적은 수류의 속도와 방향의 영향을 받는다.

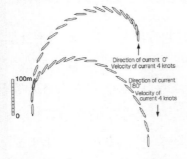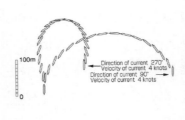

〈그림 2.4.31〉 U-turn 실험 결과 　　　〈그림 2.4.32〉 U-turn 실험 결과
　　　(수류 방향 0°, 180°)　　　　　　　　　(수류 방향 90°, 270°)

　〈그림 2.4.31〉과 〈그림 2.4.32〉는 LNG선이 수심과 흘수의 비가 1.3이고, 4노트의 수류 속에서 12.3노트의 초기 속력과 15° 타각으로 U-turn을 할 때의 모의실험 결과를 보여준다. 〈그림 2.4.31〉은 수류의 방향이 0°, 180°일 때, 〈그림 2.4.32〉는 90°, 270°일 때의 항적을 보여준다.

　〈그림 2.4.31〉에 나타나는 것과 같이 0° 방향의 수류를 받으면 전진거리는 증가하고, 180°의 수류를 받고 선회하면 전진거리는 감소한다. 그러나 두 경우 모두 선회율의 증감에 있어서 차이가 거의 없다. U-turn의 완료 후 수류의 상대각이 0°이면, 선박의 운동은 역조에 의해 방해를 받지만 상대각이 180°일 때 선박은 하류 쪽으로 크게 밀려난다.

　〈그림 2.4.32〉는 90° 방향의 수류를 받으며 선회했을 때와 270° 방향의 수류를 정횡으로 받으며 선회했을 경우를 보여주고 있다. 전자의 경우 빠르게 초기 침로에서 벗어나 하류 쪽으로 크게 밀려났다. 반면에 후자의 경우 역조를 받으며 하류로 밀려나기 때문에 선회하는데 긴 시간이 걸리고 그 결과 전진 거리가 길어졌다. U-turn이 끝난 후 전자의 경우 선박이 하류 쪽으로 크게 밀려났고, 후자의 경우 선박이 수류에 의해 본래 침로 쪽으로 다시 밀려갔다. 두 경우에서 선회율 증감의 차이는 거의 없었다. 선박의 속력이 낮을 때에는 특히 수류의 영향이 크므로 주의가 요구된다.

Chapter 3 : 제한수로의 영향

1. 천수효과(Shallow water effect)

1.1 천수효과의 원인

선박이 수중에서 움직일 때 배수량 만큼의 물이 선체를 따라 뒤로 흘러 움직인다. 선수와 선미 부근은 고압부로 해수면이 올라가고 선체의 중앙부는 저압부로 해수면이 내려간다. 이러한 효과는 깊은 수심에서는 잘 식별되지 않고 영향이 적지만, 얕은 수심에서는 선체에 큰 영향을 주게 된다. 선저 여유의 감소는 선수미 고압부와 중앙부의 저압부 차이를 더욱 증가시켜 벤츄리 효과(venturi effect)를 가져오게 된다. 즉, 선체 중앙부 선저에서의 유체의 흐름이 빨라지면서 선체 중앙부의 해수가 선저로 빨려 들어가면서 선체 주변의 해수면이 더욱 내려가게 된다.

이러한 선체 주변의 수류 간섭은 부가질량, 부가 선회 관성 모멘트, 선체저항, 선회 모멘트 저항을 증가시키고, 선체 주위를 흐르는 물의 속도는 가속되고 압력이 감소한다. 이와 같이 제한수심(restricted water depth)으로 인한 이러한 유체동역학적 현상을 *천수효과(Shallow water effect)*라고 하고 다음과 같이 선박조종에 영향을 미친다.

- 선박 속력 감소
- 추종성은 좋아질 수 있지만 선회성은 나빠짐
- 선체 침하
- 트림 변화

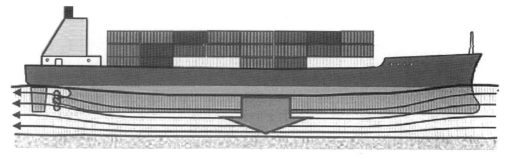

〈그림 2.4.33〉 천수 효과

1.2 선박 조종성에 대한 영향

선박 조종 운동의 이론으로부터 도출된 추종성 지수(T)와 선회성 지수(K) 사이의 물리적 현상에 대해 다음 관계가 성립된다.

$$T = \frac{I}{b} \qquad K = \frac{a}{b}$$

선회 관성 모멘트(I), 타력의 이득계수(a), 저항모멘트의 이득계수(b)를 의미한다.

수심이 감소함에 따라 부가 관성 선회 모멘트와 선회 모멘트 저항은 증가한다. 선박 속력 감소에 따른 슬립(slip) 증가로 프로펠러 배출류가 향상됨에 따라 타력 또한 약간 증가한다.

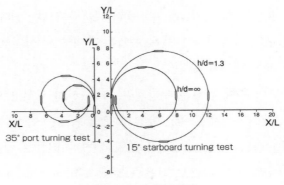

〈그림 2.4.34〉 천수효과

따라서 수심이 감소할 때 I, a, b 모든 값들은 증가한다. 그러나 분모인 b가 I, a 보다 크게 증가하여 T, K 값들은 더 작아진다. 이것은 추종성이 좋아지더라도, 선회성이 나빠지는 것을 의미한다.

〈그림 2.4.34〉는 LNG선의 선회 시험 결과를 보여준다. 흘수 대비 수심(h/d)이 무한대인 경우와 1.3(h/d=1.3)인 경우를 비교하여 천수효과로 인한 두 선회권 사이의 차이를 명확히 알 수 있다. 흘수대비 수심이 1.3일 때 정상선회경(final diameter)은 심해에서보다 거의 2배 가량 크다. 그러나 천수효과로 인한 종거(advance)와 정상선회경의 증가 비율을 비교하면 정상선회경의 증가비가 더 크고, 결과적으로 선회권이 측면으로 볼록해진다.

〈그림 2.4.34〉에서 모형실험 때 심해에서는 초기속력이 12.33노트였고, 흘수 대비 수심 1.3에서는 11.9노트였기 때문에 천수효과로 인한 추종성 지수(T)의 차이와 관련하여

reach는 구별하기 힘들다.

초기 속력에 차이가 생긴 이유는 선박이 S/B full ahead 상태로 천수구역에 진입하면 천수효과로 인해 프로펠러 회전이 감소하기 때문이다. 선종에 따라 천수구역에서의 이러한 속력 감소가 달라질 수 있지만, 흘수대비 수심이 1.3인 경우 보통 10% 이내이다.

1.3 선체침하와 트림변화

선박이 천수구역을 항주할 때, 선저와 해저 사이를 지나가는 수류는 간섭을 받아 대부분 선박의 측면으로 빠져 나간다. 그래서 선체 주변의 수류는 3면에서 2면으로 변하고 선측에서 흐르는 수류의 속도는 가속되어 선체중앙부의 수압이 감소한다. 수압의 분포는 선수와 선미에서는 높아지고 중앙부에서는 낮아진다. 그 결과 선체는 침하하고 트림이 변하게 된다.

보통 이 현상은 저속일 때 선수 트림으로, 고속일 때 선미 트림으로 변화시킨다. 그리고 수심이 얕을수록 선미 트림으로 변화시키는 선박의 속력 범위는 작아진다. 따라서 상선의 속력 범위 내에서는 천수구역에서 통상적으로 선수 트림으로 변하게 된다.

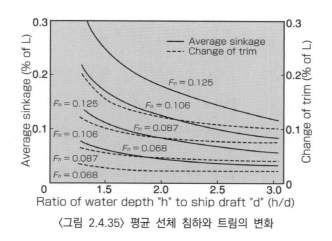

〈그림 2.4.35〉 평균 선체 침하와 트림의 변화

〈그림 2.4.35〉는 모형시험을 통해 천수효과로 인한 평균 선체침하와 트림변화를 보여준다. 선속은 Froude number(Fn = $V/\sqrt{L.g}$)로 대체하였다. 예를 들어, 300미터 길이의 탱커가 11노트로 전진한다면 Froude number는 0.1이 된다.

$$F_n = \frac{5.66 m/\sec}{\sqrt{300m \times 9.8 m/\sec^2}}$$

따라서 이 경우 흘수대비 수심이 1.3인 지역에서 선체침하는 선박 길이의 0.2%, 트림 변화는 선박 길이의 0.1%인 것을 알 수 있다.

다음의 식을 사용하여 선박이 천수구역을 항행할 때의 선수의 대략적 침하량을 알 수 있다.

$$\text{Sinkage at the bow(m)} = 1.5\left(\frac{d}{h}\right) C_b \, B \, F_n^2$$

방형비척계수가 클수록, 수심이 얕을수록, 선속이 높을수록 선수의 침하량이 커진다는 것을 알 수 있다. 이러한 형태의 전형적인 예가 상대적으로 수심에 비해 흘수가 큰 VLCC이다. 이러한 형태의 선박들은 안전한 조선을 위한 선저 여유수심을 결정할 때 선수에서의 *Squat* 현상에 대한 각별한 주의가 필요하다.

천수효과는 선저 여유수심이 선박의 흘수의 50%(h/d=1.5) 미만일 때 나타난다. 천수효과를 피하기 위해서는 선속을 줄이는 것이 가장 효과적이다.

1.4 천수구역에서 전심의 변화

〈그림 2.4.36〉은 2,800TEU 컨테이너선이 10.62노트의 초기속력으로 35°로 전타 했을 때 다양한 수심에서 전심의 변화를 보여준다. 전심의 변화는 천수효과 때문에 증가된 저항으로 인해 측방 표류 속도와 선회율 감소에 따라 다양하게 나타난다.

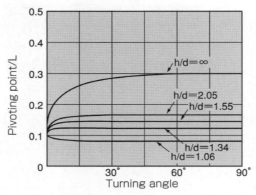

〈그림 2.4.36〉 천수구역에서의 전심 위치의 변화

전심은 천수구역에서 선체 중앙의 약 0.15L 앞쪽 지점 또는 선박 무게중심 가까이에 있고, 심해에서는 선박 무게중심으로부터 0.3L 앞 지점에 있다. 흘수 대비 수심이 1.1보다 작은 천수구역에서는 전심이 선박 무게중심으로부터 약간 뒤에 위치할 것이다.

1.5 항내 안전한 조종을 위한 선저 여유

선저와 해저 바닥면 사이의 공간을 *선저 여유(under keel clearance)*라고 부른다. 수심이 제한된 항구에서 조선할 때, 안전한 선저 여유 공간을 확보하기 위해 각별히 주의해야 한다. 항내에서 조선할 때 다음의 요소들을 고려하여야 한다.

- 항행 중 선체 침하와 트림 변화: 선박이 천수구역에서 고속으로 항행할 때, 선체 침하는 더 심해지고 상선의 속력 범위 내에서는 통상적으로 선수트림으로 바뀐다.
- 해수와 담수 간의 비중차이로 인한 선체 침하: 강에서 담수가 흘러나오거나 담수 유입으로 인해 해수가 희석되어 비중이 낮아진 만(bay) 또는 항만(harbor)에서 선체침하가 일어난다.
- 선체운동으로 인한 선체 침하: 조파의 영향으로 선박이 heaving, pitching, rolling과 같은 선체운동으로 인해 선박이 순식간에 선저와 닿을 수 있다.
- 투묘 된 앵커의 크기: 조선 중 선저가 앵커와 접촉하지 않도록 앵커의 크기가 반드시 고려되어야 한다. 대형 선박이 투묘할 때 약 1미터의 여유가 필요하다
- 주기관을 위한 냉각수 입구: 주기관을 위한 냉각수 입구에 해저의 진흙이나 모래의 유입을 막기 위해서 냉각수 입구 직경의 1.5~2배 정도 추가 선저 여유가 필요하다.
- 해도 표기 수심과 조석표의 신뢰성: 해도 표기 수심과 조석표의 오차범위에 대비하여 해도 표기 수심의 10%, 조석표에 0.3m를 추가하여 여유를 둘 필요가 있다.
- 기상학적, 수로학적, 지리적 조건의 영향: 수면의 높이는 기압이 1헥토파스칼 올라갈 때 마다 1센티미터 내려간다.
- 조차, 해저 저질, 해저 모양, 해저 장애물은 선저 여유 수심을 결정할 때 반드시 고려되어야 한다.

2. 안벽의 영향(Bank effect)

운하의 벽을 따라 또는 부두 가까이에서 선박이 항해할 때, 선박 측면과 안벽 사이의 유속이 빨라지고 압력이 낮아진다. 선체와 안벽 사이의 불균형한 압력은 회전 모멘트를 만드는데, 선수와 안벽 사이에 반발력이 생겨 선수가 안벽으로부터 멀어진다.

선박이 제한수로의 벽 가까이에 붙어서 항해할 때, 〈그림 2.4.37〉과 같이 선수에는 *cushion moment*, 그리고 선박 무게중심에는 *bank suction*이 동시에 일어난다. 이 현상을 *안벽의 영향*(*bank effect*)이라 한다. 안벽에 더 가까울수록, 선속이 더 빠를수록, 그리고 수심이 더 낮을수록 이러한 현상이 강하게 나타난다.

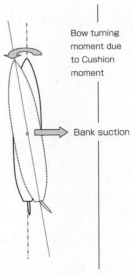

〈그림 2.4.37〉 안벽의 영향

안벽의 영향에 의해 생성된 선수의 회전은 선박을 상대적인 수류에 비스듬하게 놓이도록 만든다. 비스듬히 나아가기 때문에 반발력이 선수에 작용하는 것과 같은 방향으로 선회 모멘트가 작용한다. 이러한 효과를 상쇄시키기 위해서는 타를 안벽쪽으로 돌려야 한다. 선박이 제한된 수역에서 안벽을 따라 항해할 때에는 횡방향 힘과 선회 모멘트의 균형이 유지되도록 조타해야 한다.

이러한 경우, 선박과 안벽 사이에 적당한 거리를 유지하고, 타각을 15° 이내 또는 가능하다면 5°내에서 조정하기를 권고한다. 만약 적당한 거리를 유지하기 힘들다면 선속을 줄이는 것이 좋다. 안벽의 영향으로부터 자유로워지기 위해서는 선박의 길이만큼 안벽으로부터 떨어져야 한다.

선박이 경사진 해저를 따라 항주 할 때에도 안벽의 효과가 나타난다. 심지어 완만한 경사일지라도 선저 여유수심에 따라 때때로 선수에 생성된 고압 때문에 해저경사로부터 반발하여 깊은 수심쪽으로 선수가 선회한다. 이러한 현상을 피하기 위해서 수심이 얕은 쪽으로 타를 돌릴 필요가 있다. 수심이 얕을수록, 경사와 가까울수록, 선속이 빠를수록 대각도 변침이 요구됨을 주의해야 한다.

3. 선박 상호간의 영향

3.1 두 선박 사이의 영향

선박이 항주 시 선체 주변의 수압분포는 선수와 선미부근은 높고, 선체의 중앙부는 낮다. 〈그림 2.4.38〉과 같이 두 선박이 평행하게 근접해서 항주 할 때, 고압부는 서로 반발하고 저압부는 흡인력이 작용한다. 이 현상은 두 선박이 나란히 항주 할 때 생기고, 이를 *두 선박 사이의 상호작용(interaction between two ships)*이라 한다.

두 선박이 반대방향으로 항과 할 때 상호작용은 그 효과를 진전시키기 전에 서로 지나쳐 버리는 것과 같이 일시적이다. 이와 대조적으로 추월하는 경우 상대 속력이 작을 때 선박 사이의 상호작용이 오래 지속되므로 주의해야 한다. 이 경우 쿠션 효과와 흡인력이 강하게 일어나기 때문에 두 선박은 서로 가까워지거나 또는 선박의 선수가 예기치 않게 선회한다.

이런 효과는 천수구역에서 더 향상되고 작은 선박에게 더 크게 영향을 미친다. 이런 효과를 줄이기 위해서는 선박간 충분한 거리를 유지하고 속력을 줄여야 한다. 선박 사이의 상호작용으로부터 벗어나기 위한 안전거리는 선박의 길이만큼이다.

〈그림 2.4.39〉는 두 선박이 반대방향으로 항과 할 때 선박 사이의 상호작용을 단계별로 나타낸다. 그림에서 화살표는 작용의 방향을 나타낸다.

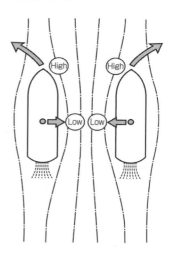

〈그림 2.4.38〉
두 선박 사이의 영향

① 양 선박의 선수가 접근할 때, 선체에 반발력이 발생하고 선회 모멘트가 각 선박의 선수를 바깥으로 밀어낸다.

② 양 선박이 나란히 되었을 때, 두 선박 간 압력이 적은 중앙부는 흡인하고 각 선박의 선수를 안쪽으로 향하게 하는 선회 모멘트가 발생한다.

③ 양 선박의 선미가 서로 접근할 때, 선체에 반발력이 발생하고 각 선박의 선수를 바깥 방향으로 밀어내는 선회 모멘트가 발생한다.

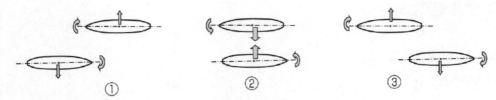

<그림 2.4.39> 두 선박이 반대방향으로 항과 할 때 선박 사이의 상호작용

3.2 추월 중 선박 사이의 상호작용

〈그림 2.4.40〉은 A선이 B선의 우현으로 추월 할 때 선박 사이의 상호작용을 단계별로 나타낸다. 그림에서 화살표는 작용의 방향을 보여주고, 추월선 A의 관점에서 생성되는 모멘트를 설명한다.

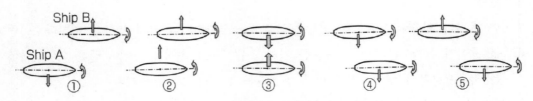

<그림 2.4.40> 추월 시 선박 사이의 상호작용

① 추월선 A가 피추월선 B의 뒤에서 접근할 때, 약한 반발력이 생긴다.
② 추월선 A가 피추월선 B쪽으로 당겨지는 흡인력으로 바뀐다.
③ 두 선박이 나란히 되었을 때 매우 강한 흡인력이 양 선박에 작용한다.
④ 추월선 A의 선미가 피추월선 B의 중앙 부근에 왔을 때, 추월선 A에 작용하는 흡인력이 반발력으로 바뀐다.
⑤ 추월선 A가 피추월선 B를 완전히 통과하기 전까지는 반발력이 약하게 남아 있다.

만약 추월선과 피추월선의 크기가 거의 비슷하다면 피추월선 B에 미치는 효과도 〈그림 2.4.40〉에 있는 화살표의 방향으로부터 추정할 수 있다. 만약 두 선박 중 하나가 작다면 상호작용은 작은 선박에 더 큰 영향을 미칠 것이다. ③과 같이 갑작스럽게 두 선박이 나란히 항과하게 되거나, ② 또는 ④와 같이 다른 선박의 측면으로 선수 또는 선미가 접근할 가능성이 있을 때 특히 주의를 기울여야 한다.

양 선박간의 상호작용은 특히 천수구역에서 고속으로 추월할 때 크다. 이런 효과를 줄이기 위해서는 양 선박간의 거리를 충분히 유지하고 속력을 줄여야 한다. 선박 사이의 상호작용으로부터 벗어나기 위한 안전거리는 선박의 길이만큼이다.

3.3 횡단선에 의한 정박선의 영향

두 선박간의 상호 작용은 부두에 정박하고 있는 선박 옆을 다른 선박이 지나갈 때 잘 알 수 있다. 이 경우 상호작용의 효과는 정박선에 더 강하게 영향을 미친다. 지나가는 선박이 정박선 뒤에서 다가올 때 정박선의 선미가 처음에는 부두쪽으로 밀려나고, 지나가는 선박의 선수 고압으로 인해 반발력이 생겨서 정박선이 조금 전진하게 된다. 정박선과 지나가는 선박이 나란히 되었을 때, 정박선과 지나가는 선박의 중앙에 낮은 압력으로 인해 흡인력이 생기고 정박선을 부두로부터 멀어지게 한다. 지나가는 선박의 선미가 정박선의 선수 부근에 왔을 때, 지나가는 선박 선미의 고압 때문에 반발력이 생기고 정박선의 선수를 부두쪽으로 향하게 하고 정박선을 뒤로 밀어내게 된다.

이와 같이 정박선과 너무 근접해서 항과하면 양 선박의 상호작용으로 인해 계류삭, 부두의 방현재에 손상을 초래할 수 있다. 심지어 지나가는 선박이 정박선을 완전히 지난 뒤에도 지나가는 선박이 만든 파도와 부두의 반사파 때문에 6자유도 운동(surging, swaying, heaving, rolling, pitching, yawing)을 야기시켜 정박선이 손상을 입을 수도 있다. 이러한 충격은 계류삭, 방현재에 손상을 줄 뿐만 아니라 하역작업 중인 정박선에도 방해를 준다.

이러한 효과들은 천수구역에서 정박선과 가까이 붙어서 고속으로 항과 할 때 더 악화된다. 정박중인 작은 선박 옆을 지날 때에는 특별한 주의가 필요하다. 이러한 효과를 줄이고 정박선의 손상을 예방하기 위해서는 속력을 줄이는 것이 가장 효과적이다.

Chapter 4 : 조종에 미치는 파랑의 영향

1. 조선 시 파랑에 의한 위험

길고 강한 바람이 바다 표면에 지속적으로 불면 파도가 높아진다. 강풍과 높은 파도는 선박에게 치명적인 위험 요소이다. 예를 들어 해수 덩어리가 선체에 가하는 충격량은 1ton/m³ 이상이고, 선체 구조물에 강한 충격을 가하는데 이는 상상을 초월한다. 조선자는 이러한 충격으로 인한 손상을 예방하고 줄이기 위해서 침로 변경, 감속, 기타 이용 가능한 유효한 방법을 찾는 등 모든 노력을 다해야 한다.

선박의 크기가 작아질수록 파랑의 영향은 더 커진다. 만약 선체가 손상된다면, 최악의 경우 침수로 인하여 선박은 전복 또는 침몰할 위험에 직면 할 수 있다. 폭풍우가 몰아치는 해상에서는 횡요(rolling), 종요(pitching), 상하요(heaving), 선수요(yawing)와 같은 선체 운동이 크게 일어난다. 격렬한 pitching은 주기관에 매우 해로운 프로펠러 공회전(propeller racing)을 야기한다. 그리고 선수 충격과 선저 panting을 동반한다. 추종파가 선미를 크게 덮치면(pooping down) 침수와 조타장치의 손상을 유발한다. 정횡에서 오는 파도는 선박의 rolling을 증대시켜 전복을 초래하거나 해수가 갑판 위를 덮쳐 구조물에 손상을 주기도 한다. 조선자의 임무는 이러한 파랑의 영향과 선체 운동을 최소화시키는 것이다.

2. 거친 해상에서의 위험

2.1 Panting

선박이 파를 선수에서 받으면서 항주할 때 선수가 파랑에 의해 충격을 받는 것을 말한다. 이러한 충격 때문에 소형선은 뒤집어지기도 한다.

2.2 Slamming

선박이 파를 선수에서 받으면서 큰 pitching을 동반하며 항주할 때, 선박의 선수 선저가 해면에 부딪히면서 강한 충격을 받고 급격한 진동을 하는 현상이다. 이 현상은 때때로 엄청난 수압으로 인해서 구조물에 심각한 손상을 야기한다.

2.3 Propeller racing

선박이 파를 선수나 선미에서 받으면 과도한 종요 현상으로 인하여 선미부가 공기중에 노출되어 추진기에 미치는 부하가 급격히 감소하고 프로펠러는 진동을 일으키면서 급회전을 하게 된다. 이러한 프로펠러 레이싱으로 인하여 프로펠러뿐만 아니라 기관에도 손상을 일으킬 수 있으므로 선미 흘수를 증가시키고 종요를 줄일 수 있도록 침로를 변경하고, 기관의 회전수를 낮추는 등의 조치를 취해야 한다.

2.4 Lurching

선체가 횡요 중에 옆에서 돌풍을 받는 경우 또는 파랑 중에서 대각도 조타를 실행하면 선체는 갑자기 큰 각도로 경사하게 된다. 이러한 러칭 현상으로 인하여 갑판상 다량의 해수가 덮치게 되면 화물의 이동과 선체의 손상이 일어날 수 있다.

2.5 Broaching

선박이 파의 진행방향을 따라 경사면으로 내려갈 때, yawing 때문에 선박의 선수방위가 갑자기 불안정해지고 파에 평행하게 놓이는 현상이다. 선박의 속력과 파도의 속도 차이가 작을 때 이러한 현상이 때때로 나타난다. 이 현상에서는 횡방향 파로 인해 횡요가 더해져서 전복의 위험이 증가한다.

2.6 Pooping down

선박이 파도를 따라 항주할 때, 선미 갑판으로 해수가 덮치는 현상이다. 선미의 기본적인 설계 때문에 타 또는 선미 구조물이 이 현상으로 인해 손상을 입기 쉽다.

2.7 Pitch poling

작고 가벼운 선박이 가파르고 빠른 파도를 타고 항주할 때 또는 파도의 경사면을 내려갈 때 선수가 재주 넘듯이 넘어가 전복되는 현상이다.

2.8 Synchronized rolling

선체의 고유 횡요 주기와 파랑의 조우 주기가 일치하여 동조함으로써 횡요각이 점점 커지는 현상을 말한다. 이러한 동조 횡요는 큰 각도로 경사될 수 있으므로 침로나 속력을 조정하여 파도와 만나는 주기를 바꾸어서 동조 횡요를 피해야 한다.

3. 동조 운동의 회피

선박이 거친 해상을 항주할 때, 파도에 동조되어 선체운동이 증폭되는 것을 예방하기 위한 주의가 필요하다. 파도에 의한 선체 운동 중에서 rolling과 pitching이 가장 두드러지게 나타난다. Rolling이 파도의 주기와 동조될 때 발생되는 갑작스러운 경사(lurch)는 선박의 전복을 초래한다. Pitching이 파도의 주기에 동조되면 Slamming이 일어난다. 이러한 동조현상은 선박에게 매우 위험하다.

3.1 동조횡요(Synchronized rolling)를 야기하는 침로

Rolling은 선미 쿼터에서 오는 파도와 횡방향 파도 때문에 커진다. 〈그림 2.4.41〉과 같이 선박이 파도를 따라 항주할 때 선박이 조우하는 파도의 주기(T_E)는 다음의 식에서 구할 수 있다.

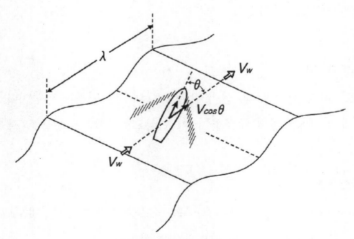

〈그림 2.4.41〉 선미 쿼터에서 오는 파도를 조우할 때

$$T_E = \frac{\lambda}{V_W - V\cos\theta}$$

λ : wave length(m) = $1.56T_W{}^2$ T_W : wave period

V_W : wave velocity(m/sec) = $1.25\sqrt{\lambda}$ V : ship speed(m/sec)

θ : encountering angle to wave(°)

선박의 자유횡요주기를 'T_R'이라 할 때, 동조횡요가 발생하는 조건은 '$T_E = T_R$'인 경우이 므로 동조횡요가 발생하는 침로는 다음의 식에서 추론할 수 있다.

$$\cos\theta = \frac{-\dfrac{\lambda}{T_R} + V_W}{V}$$

여기에서 선박의 자유횡요주기는 $T_R = 0.8B/\sqrt{GM}$ 식으로부터 구할 수 있다. 그리고 동 조횡요를 피하는 선박의 속력은 다음의 식으로부터 추론할 수 있다.

$$V = \frac{-\dfrac{\lambda}{T_R} + V_W}{\cos\theta}$$

따라서 거친 해상을 항주할 때 동조횡요가 발생되지 않도록 침로 또는 속력을 적절히 조정해야 한다.

3.2 동조종요(Synchronized pitching)를 야기하는 속력

Pitching은 격렬한 파도를 마주하며 항주할 때 일어난다. 파도의 조우 주기(T_E)는 선박 이 파를 마주하며 항주할 때 다음의 식으로부터 추론할 수 있다.

$$T_E = \frac{\lambda}{V_W + V}$$

선박의 자유종요주기를 'T_P'라 할 때 선박의 pitching 주기와 파랑의 주기가 동조 ($T_E = T_P$)되는 경우 속력은 다음의 식으로부터 추론할 수 있다.

$$V = \frac{\lambda}{T_P} - V_W$$

위의 식에 $T_P=0.5\sqrt{L}$ (L : 선박길이)를 대입하면, 피칭에 대한 동조 속력을 추론할 수 있다. 선박이 파를 마주하며 항주할 때 위의 식에 해당되는 속력에서 동조종요가 발생된다. 이러한 상황에서는 Slamming 또한 악화될 것이다. 따라서 이러한 동조 속력은 피해야 한다.

Volume 03

선박조종 실무

[I] 항해와 접이안

Chapter 1 : 침로 유지 조선

1. 침로 유지

대양, 연근해, 좁은 수로 등 항해 수역에 상관없이 사전에 계획된 침로로 따라 항해하기 위해서는 침로를 유지하거나 변침하는 것이 기본이다. 선박이 사전에 계획된 항로를 따라서 침로를 유지하거나 변침하는 선박의 조선은 침로유지조선(course keeping maneuvers)과 변침조선(course changing maneuvers)으로 나뉘어 불린다.

사전에 계획된 항로로 선박이 항해하기 위해서는 우선 선수방위를 정하고, 외력으로 인해 사전에 계획된 침로로부터 이로(deviation)하는 것을 방지하기 위해 항해 조건에 따라 자동조타 또는 수동조타를 적절히 사용하여 선수방위를 제어해야 한다.

2. 풍압차(Leeway)

만약 외력이 없다면 선박은 예정 침로를 유지하며 순항할 것이다. 그러나 실제로 해상에서 선박이 항해할 때 바람, 파도, 조류, 해류 등 외부 방해 요소 때문에 선박이 원침로로부터 벗어나게 된다. 그 결과 선박은 〈그림 3.1.1〉과 같이 선박의 무게중심에 작용하는 바람, 조류의 영향과 전진력의 합성 벡터의 방향으로 표류하게 된다. 그리고 바람, 조류, 타력, 유체 저항 등 외부 방해 요소들이 평형을 이루는 조건하에서 선박의 항적은 원침로에 사선이 될 것이다. 원침로와 실제 항적간의 각도를 풍압차(leeway)라고

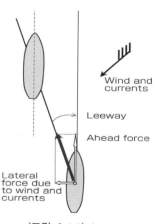

〈그림 3.1.1〉 leeway

부른다.

그림에서 알 수 있듯이 선박의 속력이 감소하여 전진력이 감소되면 바람과 조류로 인한 횡력의 효과가 상대적으로 커지는 동시에 유체압력이 감소되어 풍압차는 증가하게 된다. 그러므로 동일한 크기의 외력조건 일지라도 선속이 낮은 선박은 예상치 못할 정도로 크게 표류할 것이다.

3. 풍압차의 크기

풍압차는 타력, 바람과 해류에 의해 발생되는 횡력, 선박의 사선 항적에 의한 유체의 저항이 평형을 이룰 때 형성되는 각이며, 선박의 무게중심에 작용하는 측압력(횡력)과 모멘트는 다음 식과 같다.

$$Y = Y(e) + Y(\beta) + Y(\delta) = 0$$

$$M = M(e) + M(\beta) + M(\delta) = 0$$

Y : 합성 횡력(resultant lateral force)
Y(e) : 바람과 해류로 인한 횡력　　　　　Y(β) : 유체저항의 횡 요소
Y(δ) : 타력의 횡 요소
M : 선박 무게중심 주변 합성 모멘트(resultant moment)
M(e) : 바람과 해류로 인한 모멘트　　　　　M(β) : 유체저항에 의한 모멘트
M(δ) : 타로 인한 모멘트

바람과 해류, 유체저항, 타에 의한 횡력과 선회 모멘트가 있을 때 바람과 해류의 영향에 의해 선박이 일정한 각도로 비스듬하게 진행하면 풍압차(α)는 다음 식으로부터 구할 수 있다.

$$\alpha = k \cdot \frac{B_a}{Ld} \left(\frac{V_a}{V_s} \right)^2$$

B_a : 측면 풍압면적　　　L : 선박의 길이　　　d : 흘수
V_a : 상대풍속　　　V_s : 선속　　　k : 선박 고유 상수

〈그림 3.1.2〉는 6,000대 PCC가 바람의 영향하에서 항주할 때 풍압차를 보여준다.

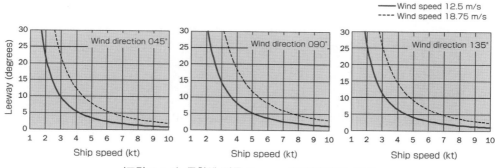

〈그림 3.1.2〉 풍향에 따른 leeway 추이(6000대 PCC)

Chapter 2 : 변침 조선

1. 변침 조선

조선자는 일반적으로 미리 정해 놓은 신침로 방향에 있는 뚜렷하고 방위측정이 용이한 등대, 입표, 섬 등을 정횡으로 통과할 때 침로를 변경한다. 선박이 계획된 새로운 침로에 정침하기 위해서는 변침 후 반대타를 사용하거나 타각을 줄임으로써 초기 타각에 의해 생기는 선회관성을 적절히 통제해야 한다. 그러므로 실제 해상에서는 새로운 침로로 변침하기 위해 선회 각도에 따라 자선의 선회관성 특징을 고려하여 적합한 판단을 내려야 한다.

그러한 조선을 잘 하기 위해서는 비록 조타 과정, 절차, 크기가 상황에 따라 달라질 수 있지만, 선박 조선자는 타각을 줄이는 적절한 시기와 그 정도, 반대타 사용, Overshoot angle, ROT, 선미킥, 선회 시 속력 감소 등 자선의 조타 반응성에 정통해야 한다.

2. 신침로 거리

침로 변경에 있어서 한 가지 명심해야 할 것은 "선박을 선회시키기 위해 언제 명령을 내려야 하는가"이다. 예를 들면, 신침로가 어떤 항로표지를 기점으로 정횡으로 그려져 있는데 선박이 그 점에 도달하여 변침한다면 선박은 항로에서 밖으로 벗어날 것이다. 만약 너무 일찍 변침하면 항로의 안쪽으로 벗어날 것이다. 특히 신침로가 위험물을 안쪽 또는 바깥쪽에 두고 설정되었을 경우에는 안전한 조선을 위해서는 변침 시기가 특별히 중요하다.

선박이 침로를 잘 따라 항해하기 위해서는 추종성을 감안한 지연시간을 고려하여 변침점 이전에 조타가 이루어져야 한다. 이와 같이 침로상의 선회시점과 조타시점과의 거리 차이를 신침로 거리(distance to new course)라고 한다. 그림에서 신침로 거리는 AB와 BC의 합인 AC이며, 선회각(ψ)과 조타각(δ) 일 때 다음 식으로 표현된다.

$$AC = AB + BC = V(T + \frac{\tau}{2}) + R \cdot \tan\frac{\psi}{2} = V(T + \frac{\tau}{2}) + \frac{V}{K\delta} \cdot \tan\frac{\psi}{2}$$

식에서와 같이 신침로 거리는 조종성지수인 'T' 및 'K'와 밀접한 관련이 있다. 추종성지수가 크고 선회성지수가 작은 선박은 신침로까지 항주하는 거리가 크기 때문에 조타를 일찍해야 한다. 또한 선속이 크고 선회각이 큰 선박도 마찬가지이다.

3. 신침로 거리에 대한 테스트

선박 상호간 충돌이 임박한 상황, 방파제 통과 등 장애물과의 충돌 위험성이 있는 경우, 또는 항내조선 및 협수도 항해 시 선박 운항자(항해사, 선장, 도선사)는 선박을 안전하게 조선하기 위해서 신침로 거리를 미리 파악하고 있어야 한다. 신침로 거리란 〈그림 3.1.3〉에서 보듯이 선박이 어떤 침로로 항주 중 신침로로 변침할 때 조타하여 신침로에 정침하기까지의 전진거리로 원침로의 조타위치에서 신침로와 교차점까지의 거리를 의미한다.

조선자는 대상선박에 대하여 조타각과 조타시점 등 신침로 거리에 관한 특성을 잘 알고 있어야 한다. 그러기 위해서는 변침 테스트가 실시되어야 한다. 이 실험에서는 신침로 거리뿐만 아니라 조타각에 대한 ROT 변화와 타각을 줄이거나 반대타 사용에 따른 Overshoot angle도 함께 측정되어야 한다.

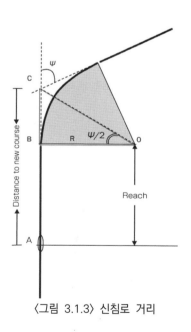

〈그림 3.1.3〉 신침로 거리

예를 들면, 우선 타각을 'δ°'만큼 작동하여 선박이 선회각(ψ) 만큼 선회하면 타를 'δ°'만큼 반대타를 작동하여 Overshoot angle을 측정한다. 또한 의도한 방향으로 선회 후 타를 Midship으로 놓았을 때의 Overshoot angle도 측정한다. 만약 선수방위의 변화와 조타각에 대한 다양한 조합이 측정된다면 선수방위의 변화와 관련하여 신침로 거리, 필요한 조타각, 조타 시점 등이 도출된다. 이는 실제 변침 명령을 내리기에 앞서 매우 유용한 정보가 된다.

선박이 피항동작 또는 변침동작을 취할 때 어느 정도의 신침로 거리만큼 여유를 두고 조타 명령을 내려야 할지 정량적인 기준이 필요하다. 항해 중 변침점에서의 변침 시 전타하지 않고 일반적으로 10°~20° 정도의 타각을 사용하여 변침하므로 전타뿐만 아니라 타각 10° 및 20°도 검토가 필요하다.

다음은 길이(LBP) 104m인 여객선형 실습선의 선회시험 자료(speed:13kts)를 바탕으로 신침로 거리를 산출하였다. 〈그림 3.1.4〉는 좌현과 우현으로 각각 조타하였을 경우의 항적을 나타내고 있으며, 동일한 타각을 사용하였을 경우 양현의 신침로 거리가 거의 유사하게 측정되었다. 원침로로부터 신침로가 각각 30°, 60° 및 90°인 경우 우현으로 전타(35°)하여 변침하였을 때 신침로 거리는 각각 125m, 205m, 300m로 확인되었다. 타각을 20°로 사용하면 신침로 거리는 각각 200m, 300m, 425m 그리고, 타각을 10°로 사용하면 신침로 거리는 각각 210m, 340m, 525m로 확인되었다.

이와 같은 신침로 거리는 충돌회피 조선 또는 일반적인 피항동작에 유용하게 이용될 수 있으며, 연안항해 시에는 변침점을 결정하고 변침동작을 취할 때 어느 정도의 신침로 거리만큼 여유를 두고 조타 명령을 내려야 할지 결정하는데 많은 도움이 될 것이다.

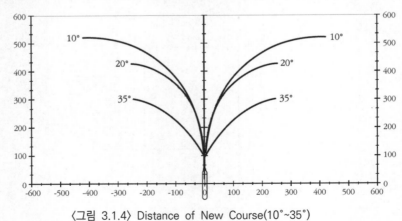

〈그림 3.1.4〉 Distance of New Course(10°~35°)

Chapter 3 : 충돌 회피 조선

1. 충돌 회피 조선

항해 중인 두 선박 사이에 충돌의 위험이 존재한다면, 이러한 위험을 피하기 위한 즉각적인 조치는 적절한 국제 또는 국내 규정을 준수하여야 한다. 두 선박이 정면으로 마주치는 경우(head-on situation)에는 두 선박 모두 적절한 충돌 회피 동작을 취해야 한다. 만약 두 선박이 횡단하는 경우(crossing situation)에는 다른 선박을 자선의 우현측에 두고 있는 선박이 다른 선박의 진로를 피하여야 한다. 이러한 충돌의 위험을 회피하기 위한 조선을 충돌회피조선(collision avoidance maneuver)이라 한다.

조타에 의한 충돌회피 조선은 선박이 타선과 위험한 상황에 직면해 있을 때 일시적으로 침로를 변경하는 것이다. 안전운항에 지장을 초래하는 상대선을 발견한 이후에는 위험을 피하기 위해 조선자는 일련의 조치를 취하여야 한다. 그러한 조치에는 충돌위험의 평가, 조치를 취할 적절한 시기, 어떤 조치를 취하고 어느 정도 취할 것인지 결정하는 것을 포함한다. 충돌회피 조선 시기, 변침 정도, 조타각 등을 결정할 때에는 해당 선박의 선회성능을 고려해야 한다.

2. 충돌회피 동작 개시 거리

충돌을 피하기 위한 동작을 시작하는 두 선박 간의 거리는 국제해상충돌예방규칙(COLREGs)에 따라 충분히 여유있는 시각에 취해져야 하며, 선박의 선회권과 여유수역이 고려되어 결정되어야 한다. 추종성능 및 선회성능이 취약한 선박의 경우에는 충돌회피 조선은 더 조기에 취해져야 한다. 충돌회피 동작 개시 거리는 해당 선박의 조종성능뿐만 아니라 두 선박간의 상대적 위치, 선박의 크기, 선속, 가항수역, 수심, 조선자의 능력 등 조건에 따라 다양하다.

충돌 회피 동작을 시작하는 거리는 조선자의 개인적인 결정에 맡겨지고 있다. 해상교통조사 통계를 바탕으로 충돌회피 동작 개시 거리를 다음 식으로 표현할 수 있다.

$$D = (3.3R_V + 6)\sqrt{(L_0^2 + L_t^2)/2}$$

R_V : 상대 선속(m/sec) L_0 : 대상 선박의 길이(m) L_t : 타선의 길이(m)

3. 두 선박 간 통항 안전거리

3.1 넓은 수역

충돌회피 동작 개시 거리와 함께 넓은 수역에서의 선박간 통항 안전거리가 선박 조선자에게 필요하다. 이는 조선자에 따라 달라질 수 있지만 좁은 수역보다 넓은 수역에서 더 큰 경향이 있다. 이는 좁은 수역보다 넓은 수역에서 두 선박간의 상대속력이 더 크기 때문이다.

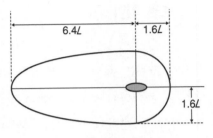

〈그림 3.1.5〉 안전거리(넓은 수역)

〈그림 3.1.5〉는 넓은 수역에서 요구되는 안전거리에 대한 해상교통조사 분석 결과이다. 이에 따르면 선박의 전후 방향으로는 선박길이의 8배, 좌우로는 선박길이의 3.2배의 여유공간이 필요하다. 그러나 최근 선박의 대형화와 고속화 및 안전을 위해 실제로 대양에서는 이보다 2~3배의 여유공간을 더 두고 있다.

3.2 좁은 수역

충돌회피 조선으로 두 선박간 가장 근접한 거리를 통과거리(passing distance)라고 한다. 두 선박간 안전한 통과거리에 대한 기준은 없으며 조선자의 판단에 달려 있다.

〈그림 3.1.6〉은 설문을 통하여 통과거리에 대한 조선자의 의식을 분석한 결과이며, 다음 식은 항내에서 허용 가능한 최소 통과거리와 안전 통과거리를 나타낸다.

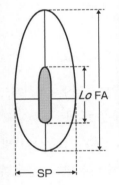

Minimum permissible passing distance
[Accessible limit in port]
FA= $(0.015Lt+2.076)Lo$
SP= $(0.008Lt+0.667)Lo$

Safe enough passing distance
[Sufficient allowance in port]
FA= $(0.025Lt+3.125)Lo$
SP= $(0.012Lt+1.096)Lo$

Lo：length of one's own ship
Lt：length of other ship

〈그림 3.1.6〉 안전거리(좁은 수역)

Minimum permissible passing distance (in port)

$$FA = (0.015L_t + 2.076)L_0$$

$$SP = (0.008L_t + 0.667)L_0$$

Safe enough passing distance (in port)

$$FA = (0.025L_t + 3.125)L_0$$

$$SP = (0.012L_t + 1.096)L_0$$

항내에서 움직이는 선박은 항해중인 상대선박뿐만 아니라 정박중인 선박 등 많은 장애물을 피해야 한다. 선박 조선자의 설문조사를 통해 장애물 또는 정박선과의 허용 최소 통과거리는 다음과 같다. 'L_0'는 자선의 길이를 나타낸다.

- 부   표 : $0.33\,L_0$
- 방파제 : $0.54\,L_0$
- 부   두 : $0.68\,L_0$
- 정박선 : $0.89\,L_0$

4. 조타에 의한 충돌회피 최소 거리

상대선박과의 충돌을 피하기 위한 최소거리는 선회권의 크기와 전타 시 최대 전진 거리에 의해 결정된다. 선속에 따른 선회권의 크기는 거의 변하지 않기 때문에 최대 전진 거리의 크기가 충돌회피 최소거리 판단에 사용될 수 있다. 그러나 천수에서 선회권의 크기가 현저하게 커질 수 있기 때문에 주의가 필요하다.

Chapter 4 : 접이안 조선

1. 접이안 시 계류삭의 이용

1.1 접이안 시 계류삭의 효과

스프링 라인(spring line)은 접안 시 처음으로 내보내고, 이안 시 마지막으로 풀게 되는 경우가 많다. 이것은 스프링 라인이 접안과 이안 시 보조적인 수단으로 사용되고 있음을 의미한다. 특히 back spring은 다음과 같이 중요한 역할을 한다.

(1) 선박의 전진속력(headway) 제어

접안 시 back spring이 첫줄로 잡히면 그 장력은 선박의 전진을 억제하는데 사용할 수 있다. 이는 후진 엔진을 사용할 수 없을 때 특히 중요하다.

(2) 선박이 부두에 가까워지도록 작용

back spring이 비트에 걸려있는 상태에서 전진 엔진을 사용하면 선체는 로프의 반작용으로 인해 부두로 당겨진다. 이것은 thruster가 없는 선박에 효과적이다.

(3) 이안 시 선미가 떨어지도록 작용

이안 시 프로펠러, 타 그리고 선미 구조물이 손상되지 않도록 하기 위해 선미가 먼저 부두로부터 떨어져야 한다. 그러한 경우 back spring이 잡힌 상태에서 전진 엔진이 가해지면 선미가 부두로부터 떨어진다. 그 때 타를 부두방향으로 사용하면 더 효과적이다.

1.2 로프 이용 효과의 동적 분석

전진 추력과 후진 추력, 타력, 계류삭의 반작용력 그리고 바람이나 해류에 의한 외력과 같은 복합적인 힘에 의한 선체운동을 보다 쉽고 명확하게 이해하기 위해서는 작용력의 벡터 분석이 유용하게 사용된다. 예를 들면, 전후진 추력과 계류삭의 반력 두 힘만이 작용한다고 가정하여 분석하면 다음과 같다. 외력이 추가적으로 작용한 경우에도 같은 개념이 적용된다.

(1) 전진속력이 있을 때 계류삭의 효과

〈그림 3.1.7〉과 같이 선박이 부두에 접근하면서 선박의 'A'지점과 부두의 'B'지점에 계류삭을 잡는다고 가정하면, 선박의 무게중심(G)에서의 전진 추력과 'A'점에 작용하는 계류삭의 장력으로 합력 벡터를 구할 수 있다.

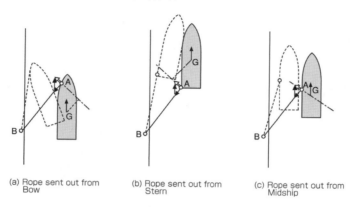

(a) Rope sent out from Bow

(b) Rope sent out from Stern

(c) Rope sent out from Midship

〈그림 3.1.7〉 전진속력이 있을 때 계류삭의 효과

Back spring이나 stern line으로 전진속력을 제어할 경우에는 선수나 선미가 부두 쪽으로 잡아 당겨져 선회할 것이며, 선체 중심부근에서 계류삭을 잡을 경우에는 전진속력이 있을 때 선체는 선회하지 않고 부두에 평행하게 당겨진다.

(2) 후진속력이 있을 때 계류삭의 효과

〈그림 3.1.8〉과 같이 후진하면서 계류삭을 선수에서 잡을 경우에는 선수가 부두로 선회하면서 당겨지고, 선미에서 잡을 경우에는 선미가 선회하면서 부두로 당겨진다. 그리고 선박의 중심부근에서 잡을 경우에는 부두와 평행하게 당겨진다.

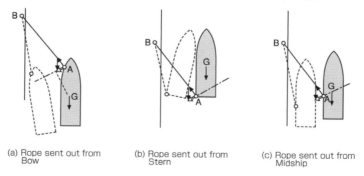

(a) Rope sent out from Bow

(b) Rope sent out from Stern

(c) Rope sent out from Midship

〈그림 3.1.8〉 후진 속력이 있을 때 계류삭의 효과

(3) 이안할 때 계류삭의 효과

〈그림 3.1.9〉는 선박이 부두로부터 이안할 때 계류삭의 작용으로 선수 또는 선미가 선회하는 것을 보여준다. Back spring을 잡고 있는 상태에서 전진추력을 사용하면 선미가 부두로부터 떨어진다. 만약 타를 부두방향으로 동시에 사용하면 효과는 더 커진다. 반대로 aft spring을 잡은 상태에서 후진추력을 사용하면 선수가 부두로부터 떨어진다. 만약 동시에 타를 부두방향으로 사용하면 효과가 더 커진다.

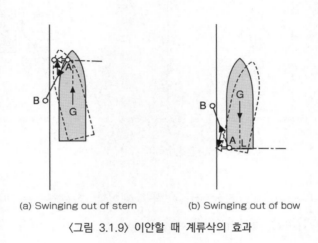

(a) Swinging out of stern   (b) Swinging out of bow

〈그림 3.1.9〉 이안할 때 계류삭의 효과

2. 접이안 시 앵커의 사용

2.1 앵커 제동력(Drag force of anchor)의 이용

비록 앵커의 주 목적이 정박을 위한 것이지만, 앵커는 종종 접이안 시 보조 수단으로 사용된다. 특히 제한된 수역에서 선박의 움직임이나 자세를 제어하기 위해 효율적으로 사용된다.

이러한 방법에서는 체인을 수심의 1.5~2배 정도 내어주어 앵커가 해저 바닥을 끌도록 한다. 이러한 조건에서 앵커의 제동력은 앵커 무게의 약 1.5배이다.

(1) 전진속력 제어

타력을 유지하면서 부두에 접근할 때 전진속력을 제어하는데 사용될 수 있으며, 후진 기관이 작동하지 않을 경우 긴급한 상황에서 마지막 수단으로 사용될 수 있다.

(2) 후진할 때 선수의 우회두 방지

후진 엔진을 사용하고 있을 때 선수의 우회두를 억제하여 선수방위를 일정하게 유지하는데 유용하다.

(3) 선회 보조 수단

부두 전면에서 180° 선회하여 접안하거나 선회가 제한되는 협소한 수역 또는 외력이 강한 경우에 엔진과 타를 함께 사용함으로써 작은 반경으로 선회할 수 있다.

(4) 외력으로 인한 표류 예방

접이안 시 바람과 해류로 인한 표류를 예방하고, 특히 부두로의 횡으로 이동하는 속력을 제어하는데 유용하다.

2.2 앵커 파주력의 이용

(1) 이안 시 횡이동

만약 접안 전에 반대측의 앵커를 내려 놓았다면, 앵커를 감아 들임으로써 부두로부터 멀어질 수 있다.

(2) 긴급상황에서 정지

선박이 비상시에 정지해야 할 때, 전속 후진 엔진 사용에 추가하여 양현 앵커를 브레이크로써 사용할 수 있다.

2.3 앵커 사용 시 주의사항

- 접안 전에 반대편 앵커를 내릴 수 있도록 준비한다.
- 전진 중 앵커를 투하할 때 전진속력은 앵커 제동력 또는 파주력에 관계없이 2~3노트 보다 빠르면 안 된다.
- 앵커 체인이 해저에 쌓이지 않도록 선속에 따라 앵커체인을 풀어주는 속력을 조정한다.

- 앵커를 투하하기 전 투묘지로부터 다른 선박의 앵커체인 또는 와이어, 어초, 라인보트, 예선 등이 충분히 떨어져 있는지 확인한다.
- 앵커가 완전히 파주력을 얻었을 때 선미가 움직이기에 충분한 수역이 있는지 확인한다.

3. 접이안을 위한 조선 방법

3.1 접이안 조선의 기본

접이안 시에는 부두의 위치, 부두의 형태, 수심, 타선의 존재 유무, 자선의 크기, 선종, 흘수 및 조종 특성, Thruster 설치 유무, 해상상태, 기상상태 그리고 예선의 이용 가능성 등과 같이 선박 조선에 영향을 미치는 조건을 고려하여야 한다. 그러므로 접이안 상황에 따라 융통성 있는 조선이 요구된다.

다음에 설명되는 접이안 조선법은 다음 사항을 전제로 한다.
- 부두 모양은 직선이다.
- 인접한 부두에 계류한 선박, 부근에 있거나 움직이는 선박 또는 정박하려는 선박이 없을 때에는 계류한 선박 앞에 정박하거나 계류된 두 선박 사이에 정박하는 것과 같이 특수한 선박 조선이 요구되지 않는다.
- 우회전 단추진기 선박이다. 즉, 선미에서 프로펠러 배출류에 의한 충격(impinge-ment)과 후진엔진으로 인한 프로펠러의 횡압력(sidewise pressure) 때문에 선수가 우현으로 선회하는 동안 선미는 좌현으로 선회하는 것을 의미한다.
- 바람과 해류의 영향은 없다. 따라서 해류나 바람을 사용한 조선은 제외된다.
- 선박은 Thruster와 예선의 도움 없이 오직 선박의 엔진과 타를 이용해 접안한다.

3.2 소각도로 부두에 접근할 때(입항자세)

(1) 입항자세로 좌현 접안

① 지정된 부두에 접근하기 전 선박 길이만큼 또는 선폭의 4~5배가 되는 거리에서 작은 전진 타력으로 부두에 10~20도의 각도로 진입한다. 이 때의 전진타력은 후진 엔진을 이용했을 때 선수의 큰 동요 없이 정지할 수 있는 정도여야 한다.

② 지정된 부두에 접근하기 전 선박 길이만큼 떨어져 있을 때 Head line과 Back spring을 부두로 내보내야 한다. 앵커를 사용할 때에는 지정된 부두에 접근하기 전 선박 길이의 절반 정도 떨어져 있을 때 우현 앵커를 투하하고, 앵커체인을 수심의 1.5~2배 정도 풀어준다.

③ 지정된 부두에 접근하기 전 선박 길이의 절반만큼 떨어져 있을 때 후진 엔진을 사용하고, 선박은 선미에서 프로펠러 배출류에 의한 측압작용과 후진 엔진으로 인한 프로펠러의 횡압력 때문에 지정된 부두와 평행하게 정지할 수 있다. 이 때 부두로부터의 거리는 선폭의 1~2배 정도여야 한다.

④ Stern line을 내보내고 선박을 부두에 고정시키기 위해 Head line과 Stern line을 함께 감아 들인다.

(2) 입항자세로 우현 접안

① 지정된 부두 근처에서 후진 엔진을 사용할 때 선미에서 프로펠러 배출류에 의한 측압작용과 후진 엔진으로 인한 프로펠러의 횡압력 때문에 선미가 부두로부터 멀어지고 선수가 부두에 가까워지므로 조선이 더욱 어렵다. 그러므로 지정된 부두에 접근할 때에는 가능한 부두에서 선폭의 1~2배만큼의 거리를 유지하고 낮은 전진 타력으로 부두에 평행하거나 소각도로 진입하여야 한다.

② 지정된 부두에 접근하기 전 선박 길이만큼 떨어져 있을 때 Head line 또는 Back spring을 부두로 내보내야 한다. 앵커를 사용할 때에는 지정된 부두에 접근하기 전 선박 길이의 절반만큼 떨어져 있을 때 좌현 앵커를 투하하고, 앵커체인을 수심의 1.5~2배 정도 풀어준다.

③ 선박이 지정된 부두에 정지할 수 있도록 후진 엔진을 사용한다. 앵커와 체인을 사용하여 선수가 부두쪽으로 회두하는 것을 억제한다.

④ Stern line을 내보내고 선박을 부두에 고정시키기 위해 Head line과 Stern line을 함께 감아 들인다.

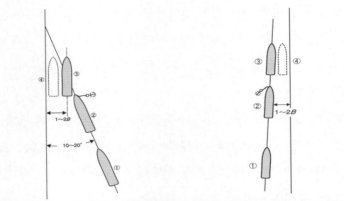

〈그림 3.1.10〉 입항자세로 좌현 접안   〈그림 3.1.11〉 입항자세로 우현 접안

3.3 소각도로 부두에 접근할 때(출항자세)

(1) 출항자세로 좌현 접안

① 선박이 앵커와 내어준 체인의 제동력으로 인해 정지할 수 있는 속력(2~3 노트)으로 항진하고, 부두에서 선박 길이의 1/2~1배 정도의 거리를 유지하며 평행하게 접근한다.

② 지정된 부두에 접근하기 전 선박 길이만큼 떨어져 있을 때 접안현 반대편의 앵커를 투하한다.

③~⑤ 앵커 체인을 풀면서 선박 길이만큼 전진한다. 앵커 체인이 고정되면 선미는 앵커를 중심으로 회전하기 시작한다. 전진이 멈추고 선박이 선회하도록 타를 우현 최대 타각만큼 돌린다.

⑥~⑦ 타를 우현으로 돌리면서 앵커 체인을 끌어올리고 극미속 전진엔진을 사용하여 선박이 부두에 접근할 수 있도록 하고, 선박의 계류삭을 내보내어 부두에 고정한다.

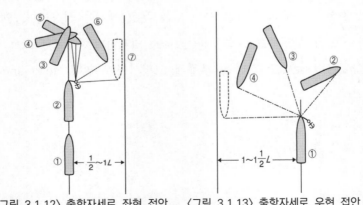

〈그림 3.1.12〉 출항자세로 좌현 접안   〈그림 3.1.13〉 출항자세로 우현 접안

(2) 출항자세로 우현 접안

① 낮은 타력으로 부두로부터 선박 길이의 $1\sim1\frac{1}{2}$L배 정도의 거리를 유지하며 평행하게 접근한다. 타를 우현으로 돌리면서 지정된 부두에 접근하기 전 우현 앵커를 투하한다.

②~③ 전속 후진 엔진을 이용하여 우현 선회를 만들고, 타를 좌현 최대 타각으로 돌린다.

④~⑤ 우현 타와 극미속 전진엔진을 사용하여 부두 가까이에 접근한다. 선박이 지정된 부두 가까이에 왔을 때 선박의 라인을 내보내고 선박을 부두에 고정하기 위해 감아들인다.

3.4 대각도로 부두에 접근할 때

(1) 입항자세로 접안

① 작은 타력으로 부두에 접근한다. 지정된 부두에 접근 하기 전 선박 길이의 1/2~1배 거리보다 더 멀리 떨어져 있을 때 접안현 반대편의 앵커를 투하한다.

② 앵커의 제동력을 사용하여 전진 속력을 감소시키고, 앵커를 중심으로 선미를 회전시키며, 타와 엔진을 함께 사용하여 그 효과를 증대시키며 부두에 접근한다.

③ 선박이 지정된 부두 가까이에 왔을 때 선박의 라인을 내보내고 선박을 부두에 고정하기 위해 감아들인다.

(2) 출항자세로 접안

① 작은 타력으로 부두에 접근한다. 지정된 부두에 접근하기 전 선박 길이의 1/2~1배 거리보다 더 멀리 떨어져 있을 때 접안현 반대편의 앵커를 투하한다.

② 앵커의 제동력을 사용하여 전진 속력을 감소시키고, 앵커를 중심으로 선미를 회전시키며, 타와 엔진을 함께 사용하여 그 효과를 증대시키며 부두에 접근한다.

③ 선박이 지정된 부두 가까이에 왔을 때 선박의 라인을 내보내고 선박을 부두에 고정하기 위해 감아 들인다.

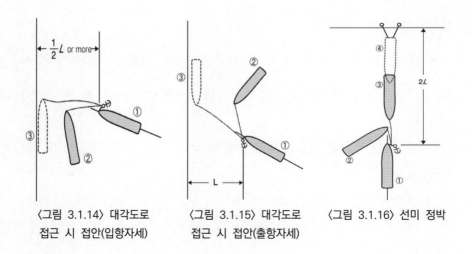

<그림 3.1.14> 대각도로 접근 시 접안(입항자세) <그림 3.1.15> 대각도로 접근 시 접안(출항자세) <그림 3.1.16> 선미 정박

3.5 선미 정박

선수에 있는 한 개 또는 두 개의 앵커와 선미에 있는 라인을 이용한 정박 방법이다.

① 부두로부터 선박 길이의 2배만큼 떨어져 있을 때 앵커를 투하한다.

② 앵커의 제동력을 사용하여 전진 속력을 감소시키고, 앵커를 중심으로 선미를 회전 시키며, 타와 엔진을 함께 사용하여 그 효과를 증대시키며 부두에 접근한다.

③~④ 선박이 180° 선회했을 때, 앵커의 제동력을 이용하여 후진하며 부두에 가까워 진다.

3.6 입항자세에서 이안

입항자세로부터 선박이 부두에서 이안하는 기본 과정은 먼저 선박의 선미를 이탈시키 는 것이다. 그 다음 후진한 후 접안현과 상관없이 선회한다.

① 전진 엔진을 사용하고 타를 부두 방향으로 돌리고 back spring을 유지하며 선미를 이탈시킨다.

② 부두로부터 선미가 멀어진 후, 선박이 엔진과 타에 의해 선회할 수 있는 충분한 수 역에 도달할 때까지 후진하고, 접안 시 앵커와 체인을 사용했다면 그것을 감아들 인다.

③ 항구를 떠나기 위해서 필요한 만큼 선회한다.

3.7 출항자세에서 이안

선미쪽이 회전하기 위한 충분한 수역이 있는 경우 기본적인 과정은 이전의 방법들과 거의 동일하다. 하지만, 만약 선미의 공간이 충분하지 않은 경우 먼저 선수를 선회시켜야 한다.

① 만약 접안 시 앵커를 투하했다면, 앵커를 감아올림으로써 선수가 부두에서 바깥으로 멀어질 것이다. 만약 선박의 크기가 작고 앵커를 사용할 수 없는 경우에는 stern line을 제거하고 선미 spring line을 이용하여 선수를 이탈시킨다. 그러나 출항 준비를 위하여 앵커를 투하하는 것이 더 좋다.

② 항구를 떠나기 위해서 필요한 만큼 선회한다.

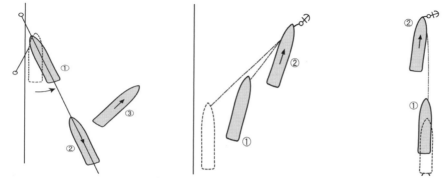

〈그림 3.1.17〉 입항자세에서 이안   〈그림 3.1.18〉 출항자세에서 이안   〈그림 3.1.19〉 선미정박으로부터 이안

3.8 선미 정박으로부터 이안

① 앵커를 감아 올리면서 앞으로 전진한다.
② 항구를 떠나기 위해서 필요한 만큼 선회한다.

3.9 접이안 시 대형선의 조선

대형선의 접이안에는 thruster나 예선의 지원이 필수적이며, 앞에서 설명한 로프나 앵커의 사용이 대형선에는 적용되지 않는다.

정박하고자 하는 대형선은 부두로부터 선폭의 2배 정도 떨어진 곳에서 부두와 평행하게 위치한 후 예선이나 thruster를 이용하여 부두쪽으로 이동한다. 대형선이 부두로부터 벗어날 때 또한 thruster 또는 예선의 원조가 필요하다. 그러나 전통적인 접이안 방법이 대형선을 조선할 때 여전히 가치있는 방법이라는 것을 알아야 한다.

Chapter 5 : 전진타력 및 횡이동 제어

1. 접안 시 전진타력 제어

1.1 Overrun의 위험

조선자가 가장 긴장하는 순간 중 하나는 선박이 부두에 접근할 때이다. 항구 내에는 안벽, 사구, 다수의 항내 정박선 등 많은 장애물이 있다. 이런 상황에서 정지점을 지나치는 오버런은 다른 선박 또는 물체와의 충돌, 좌초 등의 사고를 일으킬 수도 있다. 조선자는 이러한 오버런을 막기 위해 선박의 종류, 크기, 상태, 타력, 조종성능, 외력 등을 고려하여 선박의 속력을 조절해야 한다.

1.2 오버런의 위험수준 예측

(1) 안전여유(safety margin) 개념

부두 접근 속력과 관련된 위험의 정도는 안전여유 개념으로 평가할 수 있다. 부두에 접근하는데 있어서 안전여유는 선박이 후진추력으로 멈출 수 있는 정지거리와 부두와의 거리 사이의 차이로부터 구할 수 있다. 선박이 정지하고자 하는 계획된 지점에 도달하기 전에 선박을 잘 멈출 수 있으면 안전여유가 크다고 할 수 있고, 선박이 정지하고자 하는 계획된 지점에 가까이 정지한다면 잔여거리가 작고 안전여유도 작다고 할 수 있다.

(2) 안전여유에 대한 정의

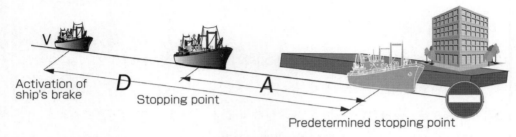

〈그림 3.1.20〉 안전 여유 정의

〈그림 3.1.20〉과 같이 선박이 어떤 속력으로 항주하고 있을 때 정지가 예정된 지점까지의 거리를 'D'라 하고, 선박의 제동력으로 인해 선박이 실제로 정지한 지점과 정지할 것으로 예정된 지점 사이의 잔여거리를 'A'라고 하면 안전여유는 다음의 식으로부터 구할 수 있다.

$$\text{Safety margin (R)} = \frac{A}{D}$$

A : 예정 정지점과 선박이 실제 정지한 지점 사이의 거리
D : 선박의 제동력이 작용한 지점과 예정 정지점 사이의 거리

안전여유는 '0'에서 '1'까지의 숫자로 나타낼 수 있다. 안전여유 '1'은 선박 제동력이 작용한 후 곧바로 선박이 정지하였다는 것을 의미하고, 최대 안전여유라고 정의할 수 있다. 안전여유 '0'은 정지 예정 지점에 정확하게 선박이 정지하였다는 것을 의미한다.

(3) 안전 여유의 추정

안전여유를 추정할 때 선박 제동력(후진 추력)이 매개변수이다. 예선의 후진 추력을 제동력으로 사용할 수 있지만, 여기에서는 자선의 후진 추력에 한정하며, 이는 네 가지 단계(Full, Half, Slow, Dead Slow)로 나뉜다.

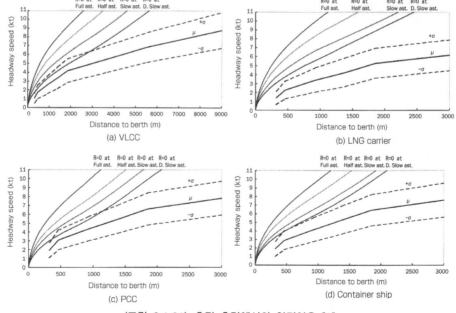

〈그림 3.1.21〉 후진 추력에서의 안전여유 "0"

〈그림 3.1.21〉에 나타낸 그래프는 각각의 후진 추력에서 안전여유가 '0'이 되는 결과를 나타낸다. 그래프에서 'μ'와 '±σ'는 VLCC, LNG 운반선, PCC, 컨테이너 선박의 속력 감소 계획에 대한 도선사의 설문지로부터 추론한 대답 빈도의 평균 수치와 표준 편차를 나타낸다. '±σ' 사이의 영역은 극미속 후진 추력을 사용하여 0.3~0.6의 안전 여유를 갖는 영역을 나타낸다.

1.3 전진속력 제어를 위한 지침

선박의 종류에 상관없이 대부분의 도선사는 제동력으로써 극미속 후진 추력을 사용할 경우 안전여유를 0.3~0.6 구간에 두고 있다.

이는 도선사들이 선박을 제어할 때 가능한 저속 후진기관으로 제어가 가능하기를 원하기 때문이다. 〈그림 3.1.22〉는 항구에 접근할 때 속력 감소에 대한 실질적인 지침을 보여준다.

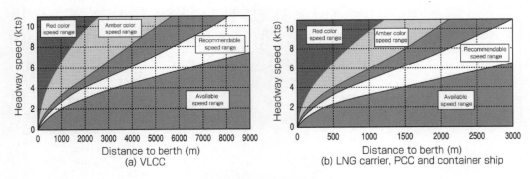

〈그림 3.1.22〉 부두 접근 시 전진 속력 제어를 위한 지침

전진속력을 제어하기 위해 적절한 판단을 내리기 위해서는 안전여유의 개념뿐만 아니라 앞서 설명한 도선사로부터 도출된 결과를 신중하게 고려해야 한다. VLCC를 제외한 LNG 운반선, PCC와 컨테이너선은 유사한 결과를 보여준다.

(1) 가능한 속력 범위(Available speed range)

극미속 후진기관(dead slow astern)을 사용하여 안전여유가 '0'이 되는 곡선하부의 모든 영역이 해당되며, 모든 도선사의 응답이 해당 구간 안에 존재한다. 이 범위는 접안 경험과 후진 엔진을 사용할 때 선박의 움직임을 최소한으로 억제시키기 위한 노력으로부터 얻은 도선사의 노하우를 바탕으로 결정되었다.

(2) 권고 속력 범위(Recommendable speed range)

설문지의 결과로부터 도선사의 2/3가 그들의 경험에 비추어 봤을 때 0.3~0.6의 안전여유가 적당하다고 답했다. 대부분의 답변이 이 범위에 속하기 때문에 이 범위가 위험이 가장 낮은 실제 속력 범위라고 권고할 수 있을 것이다.

하지만, 극미속 후진기관에서 안전 범위가 0~0.3으로 대답한 사람은 대담한 유형이고, 반면 안전범위가 0.6보다 아래쪽인 경우는 신중한 유형이다. 그러므로 권고 영역의 양쪽 측면은 권고범위가 아닌 단지 이용 가능한 범위일 뿐이다.

(3) 황색 속도범위(Amber color speed range)

선박이 미속 후진, 반속 후진 또는 전속 후진을 사용하여 예정된 정지 위치에서 정지할 수 있는 구간이다. 하지만 도선사 중 이 영역에 속한다고 답한 사람은 한 명도 없었다. 왜냐하면 해당 구간에서는 후진기관이 제어가 되지 않을 수도 있음을 고려하였기 때문이다. 그러므로 이 황색 영역은 주의가 필요한 영역이라고 할 수 있다.

(4) 적색 속력 범위(Red color speed range)

그래프의 가장 왼쪽 부분은 후진 전속을 사용할 때 안전여유가 '0'인 구간을 보여준다. 만약 이 구간에서는 전속 후진기관을 사용하였더라도 잔여 속력이 남아 있게 되면 예정된 정지 위치에 정지하지 못하고 오버런 하게 된다. 그러므로 예정 정지점 내에서 이러한 과도한 속력을 유지하면 안 된다. 이와 같이 적색 속력 범위는 극도의 주의가 필요한 영역이라고 할 수 있다.

2. 접안 시 횡이동 제어

2.1 과도한 속력에 의한 부두손상 위험

대형선의 접안에서 우선 선폭의 2배 정도 부두로부터 떨어진 위치에서 부두와 평행하게 멈춰진 다음 예선에 의해 부두로 밀어진다. 만약 이 순간 횡이동 속력이 과도하면 방충재 또는 부두 구조물뿐만 아니라 선체가 손상될 것이다. 그래서 조선자는 예선의 추력을 조정하여 부두와의 거리에 따라 횡이동 속력을 적절히 조정하는 특별한 주의가 요구된다.

부두에 대한 충격은 부가질량, 접촉지점과 선박의 무게중심간의 거리, 접촉 순간속력 등에 따른 운동 에너지에 따라 달라질 수 있다. 부두에 있는 방충재는 그러한 충격을 잘 흡수하도록 설계된다. 방충재는 타입에 따라 다양하며, 만약 한계를 넘어선 충격을 받게 되면 변형 또는 손상된다. 따라서 방충재의 강도를 고려한 안전 접촉 속력을 유지하도록 주의가 요구된다.

2.2 부두손상 위험 수준 예측

(1) 안전여유에 대한 정의

앞서 전진속력에서의 개념과 동일하게 측면 이동속력에서의 위험 수준도 평가될 수 있다.

〈그림 3.1.23〉과 같이 선박이 부두로부터의 거리가 'D'인 위치에서 횡 이동 속력이 'V'일 때, 예선의 제동력을 이용하여 멈출 수 있는 지점과 부두와의 떨어진 거리를 'A'라고 하면, 이 때의 안전여유는 다음 식으로부터 구할 수 있다.

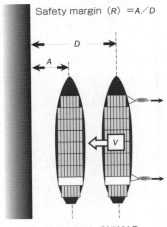

$$\text{Safety margin (R)} = \frac{A}{D}$$

A : 선박이 정지한 부두 사이 남은 거리
D : 임의의 선박 위치와 부두 사이의 거리

〈그림 3.1.23〉 안전여유

안전여유는 '0~1'로 나타낼 수 있다. 안전여유 '1'은 예선의 제동력이 작용한 후 즉시 정지할 수 있다는 것을 의미한다. 반면 안전여유 '0'은 예정된 정지 위치에 정확하게 선박이 정지한다는 것을 의미한다.

(2) 안전여유의 추정

안전여유를 추정할 때 예선의 억제력이 관련이 있다. 여기에서는 예선을 2척 사용하고, 전속, 반속, 미속 추력을 사용한 것으로 가정한다.

〈그림 3.1.24〉는 VLCC, LNG선, PCC, 컨테이너선에 대한 접안과정에서 예선을 전속, 반속, 미속 추력을 사용하여 안전여유가 '0'이 되는 경우를 보여주고 있다. 그래프에서 'μ'와 '±σ'는 도선사를 대상으로 횡 이동 속력감소에 대한 설문지로부터 추론한 대답 빈도의 평균 수치와 표준 편차를 나타낸다. '±σ' 사이의 영역은 미속 추력을 사용하는 두 척의 예선이 제동력을 만들 때 안전여유 0.3~0.6의 영역에 해당된다.

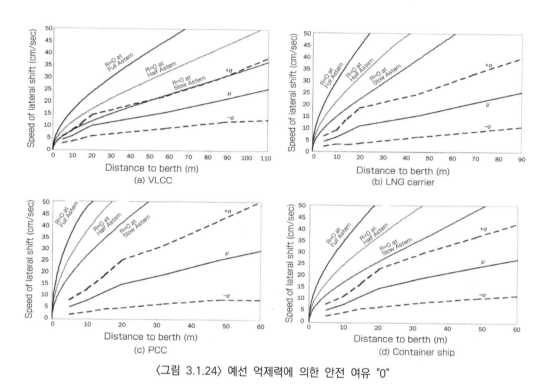

〈그림 3.1.24〉 예선 억제력에 의한 안전 여유 "0"

2.3 횡이동 속력제어 지침

횡이동 속력이 과도해지면 선박은 부두에 충돌할 위험에 직면하게 된다. VLCC, LNG 운반선, PCC, 컨테이너선을 조선하는 대부분의 도선사는 두 척의 예선을 미속 후진으로 사용할 때 안전 여유를 0.3~0.6 구간으로 보고 있다.

〈그림 3.1.25〉에서와 같이 실질적인 지침은 도선사의 횡이동 속력에 대한 안전여유에 대한 의견과 다음의 추가적인 안전요소를 고려하여 만들어졌다.

(1) 가능한 속력 범위(Available speed range)

예선의 미속 후진추력에서 안전여유 '0'이 되는 곡선 하부의 모든 영역이 해당구간이며, 도선사의 횡이동 속력감소에 대한 응답이 대부분 여기에 포함된다.

(2) 권고 속력 범위(Recommendable speed range)

설문지의 결과로부터 도선사의 2/3가 그들의 경험에 비추어 봤을 때 안전여유가 0.3~0.6인 구간이 가장 적당하다고 답했다. 그래서 해당 구간이 권고되는 속력구간으로 정의된다. 하지만 미속 후진에서 안전범위가 0.6보다 아래쪽인 경우는 신중한 유형이고, 반면 안전범위가 0~0.3으로 대답한 사람은 대담한 유형이다. 그러므로 권고 영역의 양쪽 측면은 권고범위가 아닌 단지 가능한 범위일 뿐이다.

(3) 황색 속도범위(Amber color speed range)

반속후진, 전속후진을 사용하여 예정된 정지위치에서 정지할 수 있는 구간이다. 하지만 도선사 중에 이 영역에 속한다고 답한 사람은 한 명도 없었다. 이는 예인삭이 끊어지거나 갑작스러운 바람 또는 해류의 영향으로 인한 예상치 못한 가능성을 고려했기 때문이다. 그러므로 이 황색 영역은 주의가 필요한 영역이라고 할 수 있다.

(4) 적색 속력 범위(Red color speed range)

그래프의 가장 왼쪽 부분은 전속 후진에 의한 안전여유가 '0'인 구간이다. 만약 이 구간에서는 전속후진을 사용하였더라도 잔여 속력이 남아 있게 되면 예정된 정지 위치에 정지하지 못하고 부두와 충돌하게 된다. 그러므로 예정 정지점 내에서 이러한 과도한 속력을 유지하면 안 된다. 이와 같이 적색 속력 범위를 극도의 주의가 필요한 영역이라고 할 수 있다.

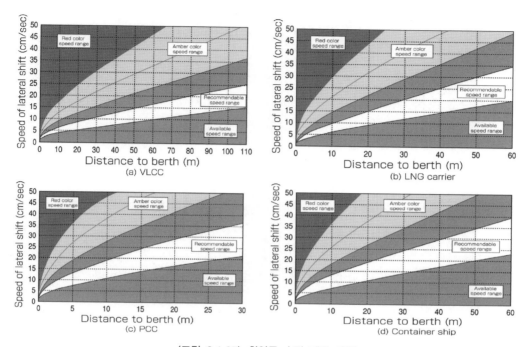

〈그림 3.1.25〉 횡이동 속력 제어 지침

Chapter 6 : 긴급조선

1. 인명구조 조선

1.1 사고 즉시 취해야 할 행동

만약 항해 중 사람이 선외로 추락한다면 즉시 다음과 같은 조치를 취해야 한다.

① 선외로 추락한 사람을 발견한 사람은 즉시 낙수자에게 구명부환을 던져주고 당직사
   관에게 보고한다.

② 선외로 추락한 사람이 시야에 벗어나지 않도록 계속 주시한다.

③ 당직 사관은 선외로 추락한 사람을 구조하기 위한 조선을 실시한다.

1.2 인명구조 조선

(1) 싱글 턴(Single Turn)

사고 즉시 실시되는 조선법으로 〈그림 3.1.26〉과 같이 선외로 추락한 사람을 구조하기
위하여 익수자 현측으로 타를 전타하여 익수자 쪽으로 선회하여 구조한다.

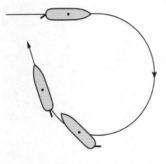

〈그림 3.1.26〉 Single turn

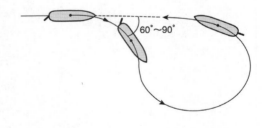

〈그림 3.1.27〉 Williamson's Turn

(2) 윌리엄슨 턴(Williamson's Turn)

야간 또는 제한된 시정에서 정확한 사고 시점을 알 수 없어 이미 지나온 지점으로 되
돌아가기 위한 조선법이다.

〈그림 3.1.27〉과 같이 처음 어느 한쪽 방향으로 전타하여 선수방위가 원침로로부터 60°만큼 바뀌면 타를 반대방향으로 전타한다. 그러면 선수방위는 원침로로부터 90°까지 선회하다가 반대로 선회하고 원침로와 180° 반대침로의 20° 전에 타를 중앙으로 하면 반대침로에 정침하게 된다. 조선자는 자선의 조종성능에 친숙해야 하며, 긴급 시 원침로에 되돌아가기 위해 어떻게 조타를 하면 좋을지 잘 알고 있어야 한다.

(3) 익수자에게 접근하는 방법

선외로 추락한 사람에게 접근할 때 대형선의 경우 조난선박의 풍상측에 접근하여 풍하측의 구명정을 내리는 것이 좋다. 반면, 소형선의 경우 조난선의 풍하측으로 접근하여 파도의 영향을 덜 받도록 접근하는 것이 좋다.

2. 사고 시 대응과 절차

충돌, 좌초, 선체나 구조물의 손상, 엔진 또는 기계 고장, 침수, 화재, 전복, 조난사고 등이 선박 운항과 관련된 해상에서의 주요 사고이다. 이러한 사고를 처리하기 위해 조선자는 인명 구조, 사고의 종류에 따른 선체 또는 화물 손상의 확대를 방지하기 위한 절차와 과정을 숙지하는 것이 중요하다. 이러한 목적을 위하여 조선자는 비상배치표에 따른 훈련 및 비상 시 준비 및 대응 절차에 대해 충분히 숙지해야 한다.

다음은 비상시의 기본적인 절차이다.

- 항해 중지: 가능한 빨리 전진 속력을 줄이기 위해 엔진을 정지한다.
- 상태 확인: 조류 확인, 예상되는 손상의 확대 등 필요한 대응조치를 확인한다.
- 즉각적인 조치: 인명, 선체, 화물을 구조하기 위하여 추가적인 손상의 확대를 예방한다.
- 항해의 지속 가능성: 선박의 성능에 따라 필요한 이로 또는 도움을 요청한다.
- 관련된 모든 당사자에게 보고: 긴급통신 절차에 따라 보고한다.

3. 사고의 보고

만약 사고를 본선의 능력으로 처리할 수 없다면 적절한 매뉴얼에 따라 위성통신시스템, VHF, 기적, 연기 신호 또는 신호기와 같은 수단에 의해 근처에 있는 다른 선박 또는 가장 가까운 연안국에 지원을 요청해야 한다. 연안국의에 사고를 보고할 때 다음과 같은 사항이 요구된다.

- 선명
- 승조원의 수
- 위치
- 사고의 종류
- 이용 가능한 인명구조 장비
- 선박의 종류와 크기
- 기타 추가적인 정보

긴급 시 수색과 구조를 위한 책임 주관청과 조직, 선박의 통신시스템을 포함한 항해 안전과 관련된 정보를 방송하는 것은 SOLAS(International Convention for the Safety of Life at Sea)와 SAR(International Convention on Maritime Search and Rescue)와 같은 국제적인 협약에 의해 규정된다.

4. 사고의 종류와 대응조치

4.1 어망 또는 부유물과의 접촉

비록 당직사관이 주의를 기울인다 할지라도 부유물이나 어망 또는 로프 등 떠다니는 물체와의 접촉으로 인해 선체와 기계의 손상이 의심된다면 다음과 같은 조치를 취해야 한다.

- 엔진을 멈추고 손상 정도의 확인
- 감항성에 영향을 미치지 않는다면 항해의 지속
- 만약 손상이 감항성을 해친다면 필요한 원조 요청
- 만약 어망을 손상시켰다면 그 손상 정도에 상관없이 어망 주인에게 통지

4.2 충돌(Collision)

충돌의 경우 더 큰 손상을 예방하기 위해 가능한 빨리 다음의 조치가 취해져야 한다.

- 가능한 빨리 전진속력을 줄이기 위해 엔진을 정지한다. 선박이 침수로 인해 침몰할 가능성이 없다는 것이 확실해지기 전에는 후진 엔진을 사용해서는 안된다.
- 승객과 선원에게 일어날 수 있는 상해와 선박과 화물 손상에 대해 조사한다.
- 충돌과 연관된 선박은 상호간에 인명, 선박, 화물의 구조를 위해 협력하고 의무를 다 해야 하며, 필요한 경우 추가적인 지원을 요청해야 한다.
- 침수가 발생하는 경우, 침수구역 배출을 포함한 침수 방지를 위한 대응조치를 한다.
- 전복이나 침몰의 위험이 있을 경우, 고의로 좌주(beaching)시키거나 선박으로부터 탈출하는 것을 고려해야 한다.
- 모든 중요 문서와 귀중품을 옮기기 위해 준비한다.
- 날짜, 시간, 위치, 선박의 침로, 기상과 해상상태를 기록한다.
- 선명, 선적항, 출항항과 도착항 정보를 서로 교환한다.

4.3 좌초(Grounding)

좌초가 된 상태에서는 하중이 좌초된 부분에 집중되기 때문에 파도에 의한 충격이 선체의 손상을 악화시킨다는 사실에 주의해야 한다.

- 즉시 엔진을 정지하고 다음 상황을 확인한다. 손상, 침수, 선박의 운동, 경사, 수심, 저질, 해저의 윤곽, 해안의 지형, 해수면, 조시, 조차, 조류, 너울, 풍속과 풍향, 일기예보, 엔진 등을 확인한다.
- 엔진을 사용하기 전 좌초된 부분의 손상이 커지지 않도록 한다. 프로펠러나 타가 해저에 있는 장애물로부터 떨어져 있고 냉각수에 흙과 모래가 흡입될 위험이 없다는 것이 확실해야만 한다.
- 날씨와 해상상태를 고려하여 해수면의 상승으로 자력으로 선박을 재부양시키는 것이 가능하다면, 사주와 암초로부터 떨어지기 위하여 앵커를 내린다.
- 자력으로 재부양하는 것이 불가능한 경우, 추가 원조를 요청하고 앵커, 앵커 체인과 계류삭을 적절히 사용하여 안전을 위해 모든 노력을 다한다.

4.4 타의 손상

타의 손상은 선박이 선수방위를 유지할 수 없게 하고 좌초 또는 충돌에 이르게 할 수 있다. 만약 선박이 두 개의 프로펠러를 갖고 있다면, 이론상으로는 두 프로펠러의 추력을 조정하여 선박을 조종하는 것이 가능하다. 하지만 하나의 프로펠러를 가지고 있는 선박은 일시적인 대체물을 사용하거나 이용 가능한 저항 물체의 사용을 시도하는 것 이외에는 이용 가능한 실제적인 수단이 없다.

4.5 프로펠러 손상

엔진 고장 또는 프로펠러가 손상되면 표류와 그에 따른 좌초의 위험을 가진다. 이러한 손상을 복구하기 위해 즉각적인 조치를 취하거나 필요한 경우 추가적인 원조를 요청해야 한다. 엔진 혹은 프로펠러가 복구되거나 구조대가 도착할 때까지 선박은 표류를 최소화하기 위해 앵커나 해묘 같은 이용 가능한 수단을 적절히 사용한다.

4.6 화재(Fire)

선내에 화재가 발생한 경우 선원을 위한 안전한 피난처는 상당히 제한적이고 지나친 살수는 전복의 위험을 가져 오므로 화재 예방을 위한 꾸준한 노력이 필요하다. 화재가 발생할 경우 다음의 조치를 즉각적으로 취해야 한다.

- 화재를 발견한 사람은 즉시 당직사관에게 보고하고(당직사관은 화재 부서배치 발령) 초기진화를 실시한다. 화재 부서배치가 발령되면 fire station에 집합한다.
- 화재 발생원이 풍하측에 있도록 선박을 돌리고 엔진을 정지한다.
- 화재가 발생한 구역의 환풍구를 닫고 화재의 유형에 따라 소화를 시도한다.
- 화재가 제어되지 않을 경우 선박으로부터의 탈출과 선박을 침몰시키지 않도록 하기 위한 임의 좌주를 고려해야 한다.

4.7 침수(Flooding)

선체의 파공으로 침수되는 경우 다음의 조치를 즉각적으로 취해야 한다.

- 침수된 물을 배출하고 침수의 근원이 어디인지 확인하며 침수율을 산정하기 위해 최선을 다해야 한다.
- 더 큰 침수를 예방하기 위해 모든 수단을 동원한다.
- 침수가 확산되는 것을 방지하기 위해 침수 구역의 문을 닫는다.
- 침수가 제어되지 않을 경우, 임의 좌주를 고려해야 한다.

5. 예인 조선

5.1 예인 준비

선박이 엔진, 프로펠러 또는 타에 문제가 생겨 자력으로 항해를 계속할 수 없는 경우 예인 원조가 필요하다. 다음은 예인에 대한 기본사항으로써 조선자는 예인 전에 다음사항을 확인해야 한다.

- 선수예인 또는 선미예인의 선택: 피예인선의 상태가 괜찮다면 선수를 먼저 예인하는 것이 유체 저항의 관점에서 볼 때 더 좋다.
- 예인줄의 강도, 특성 및 길이: 예인줄의 강도는 피예인선의 총 저항에 의해 결정된다. 일반적으로 줄은 체인과 섬유로프 또는 섬유로프와 와이어로프로 구성되며, 이는 예인 중 충격을 흡수한다. 예인줄의 길이는 예인선과 피예인선의 총 길이의 1.5~2배가 되어야 한다.
- 예인 속력: 예인줄의 강도에 따라 다르다. 해상과 기상의 상태를 고려하여 안전을 유지하는 것이 좋다.
- 예인줄의 연결: 예인 설비는 예인을 위해 충분히 강해야 한다. 예인줄과 선박 구조물 사이에 마찰을 예방하기 위해 적절한 완충재가 필요하다.

5.2 예인 중 주의사항

- 예인의 시작: 예인의 시작은 반드시 예인줄에 급작스런 충격을 주지 않는 방법으로 해야 한다. 예인 추력은 피예인선의 전진타력에 따라 점진적으로 증가되어야 한다.
- 예인 중: 변침은 점진적이고 점차적으로 이루어져야 한다. 예인줄은 비상 상황에서 긴급이탈이 가능해야 한다. 예인줄 상태를 감시하는 인원을 항시 배치해야 한다.

6. 악천후에서의 조선

기상과 해상 상태의 예보에 따라 거친 파도를 피하기 위해 적절하게 변침하고 피난처를 확보하는 것은 중요하다. 하지만 선박이 태풍의 영향을 받을 경우 구조물의 손상을 예방하기 위해 바람과 파도로 인한 충격을 줄이기 위한 조선을 해야 한다.

6.1 대응조치 시기 결정

선박의 운동이 거칠어지고 갑판 위를 덮치는 파도(deckwetness)와 프로펠러의 공회전(propeller racing)이 발생할 때 조선자는 변침을 하거나 파도의 충격을 완화시키기 위해 속력을 감소하는 등 필요한 조치를 취해야 한다.

6.2 선체운동을 완화하기 위한 침로 선정

파도에 대해 20°~30°의 각도인 침로는 황천에서 파도의 충격을 줄이는 데 가장 효율적이다. 왜냐하면 횡파와 사추파로 인한 횡요가 선박의 자유횡요주기와 동조할 수 있으며, 선수파는 종요를 증폭시키기 때문이다.

6.3 악천후에서의 변침

거친 해상에서는 선박이 급작스럽게 크게 경사(lurching) 할 수 있으므로 변침을 할 때 큰 타각을 주거나 대각도로 변침하는 것을 피해야 한다. 대각도 변침이 필요한 경우 선박의 운동과 파도의 거친 정도에 따라 낮은 속력에서 작은 각도로 점차적으로 해야 한다.

6.4 파도 충격 완화를 위한 감속

속력을 줄임으로써 파도의 충격, 선박의 동조 운동, 파도가 갑판 위를 덮치는 것, 프로펠러 공회전 현상 등이 완화된다. 초기에 속력을 크게 줄이기를 권고한다.

6.5 히브 투(Heave to)

거친해상에서 선박이 항해할 때 타효를 가질 수 있는 최소의 속력을 가지고 파도에 20°~30°의 각도로 선수방위를 유지하는 방법이다. 이 방법에서 선박이 정침할 수 있는 속력을 유지하는 이유는 선박이 선회되어 횡파를 받게 되지 않고 자세를 유지할 수 있어야 하기 때문이다.

6.6 스커딩(Scudding)

북반구에서 태풍은 좌측반원의 경우 반시계 방향의 태풍 자신의 바람이 편동풍 또는 편서풍의 일반적 대기의 흐름에 상쇄되어 약해지는 반면 우측 반원의 바람은 일반적 대기흐름에 의해 가속된다. 이런 이유 때문에 좌반원을 가항반원이라 하고 우반원은 위험반원이라고 부른다.

〈그림 3.1.28〉과 같이 선박이 태풍의 전방에 있을 때 우현선미에서 바람과 풍랑을 받으며 태풍 앞으로 통과하기 위해 조선하는 것을 scudding이라고 부른다. 이것은 태풍의 전방에 있는 선박이 태풍을 빠르게 벗어날 수 있는 효과적인 방법 중 하나이다.

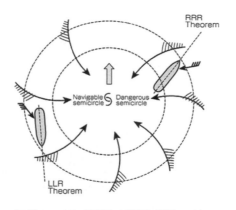

〈그림 3.1.28〉 황천을 피하기 위한 조선

6.7 RRR 법칙

북반구에서 풍향이 시계방향(R)으로 바뀌면 선박은 태풍의 우반원(R)에 있으므로 우현 선수(R)에서 바람을 받으며 항진한다면 태풍의 중심으로부터 벗어날 수 있다.

6.8 LLR 법칙(or LLS)

북반구에서 풍향이 반시계방향(L)으로 바뀌면 선박은 태풍의 좌반원(L)에 있으므로 우현 선미(R)로부터 바람과 풍랑을 받으며 항진한다면 태풍의 중심에서 벗어날 수 있다.

[II] 계류와 묘박

Chapter 1 : 계류

---

1. 계류삭의 기능

선박을 계선하기 위해 사용되는 줄은 일반적으로 합성섬유로프 또는 와이어로프가 사용된다. 비록 와이어로프가 무게와 부족한 유연성으로 다루기 어렵지만 와이어로프의 타고난 강도와 작은 탄성 때문에 선박이 부두에 계류할 때 선박의 미묘한 이동을 제어하는 데는 적합하다. 이러한 이유로 일반적으로 와이어로프는 대형선의 spring line으로 사용된다.

〈그림 3.2.1〉 와이어로프 계류삭 이용(출처: OCIMF, 2008)

이와 반대로, 합성섬유로프는 가볍고 부력이 있으며, 충격을 흡수하기 위한 탄성이 뛰어나기 때문에 주로 spring line을 제외한 선박의 계류삭으로 널리 사용된다. 섬유로프의 결점은 마찰에 의한 손상과 큰 신축성이다.

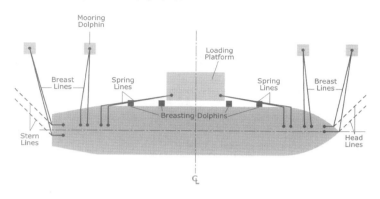

〈그림 3.2.2〉 계류삭의 배치

〈그림 3.2.2〉는 일반적인 계류삭의 배치를 보여준다. Breast line이 선박의 측면을 부두에 확실히 고정시키는 반면 Spring line은 선박의 선수미 방향 움직임을 제어하는데 사용된다. 선수미 줄의 기능은 선박의 선수미 위치를 고정하고 선박이 부두에 있을 때 Yawing을 억제하는 역할을 한다.

선박을 부두에 확실히 고정하기 위해 모든 계류삭을 균형 있게 잡는 것이 좋으며, 부두에 있는 동안 선박의 움직임을 최소화하기 위해 모든 계류삭은 팽팽하게 당겨져야 한다. 부두에 있을 때 선박의 움직임은 고무 방현재의 탄성력에 의해 종종 영향을 받으므로 주의가 필요하다. 즉, 딱딱한 고무는 선체에 강한 반작용력을 야기할 수 있는데 이는 선박의 횡 이동을 향상시킨다.

2. 계류삭에 의한 계류력

계류된 선박에 바람과 파도가 영향을 주면 선박의 움직임에 대항하는 장력이 각 계류삭에 작용한다. 각각의 계류삭에 생긴 이러한 장력을 계류력(mooring force)이라고 한다. 〈그림 3.2.3〉와 같이 계류력은 다음 식에서 구할 수 있다.

Fore and aft Mooring Force $T_{FA} = T \cos \alpha \cdot \cos \beta$

Lateral Mooring Force $T_{SP} = T \cos \alpha \cdot \sin \beta$

Vertical Mooring Force $T_{UD} = T \sin \alpha$

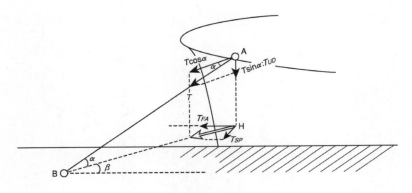

〈그림 3.2.3〉 계류삭에 의한 계류력

　수직 및 수평각과 계류삭의 장력을 'α', 'β', 'T' 로 표시하였다. 계류삭의 장력 'T'의 수평 및 수직요소는 'Tcosα' 및 'Tsinα'로 각각 표시된다. 식에서 알 수 있듯이 최대의 종방향 계류력을 얻기 위해서는 가능한 한 'α'와 'β'의 각도를 최소화 해야 한다. 다시 말해서, 선수미 방향의 최대 계류력을 얻기 위해서는 선수미선에 평행하고 수평에 가깝도록 계류삭을 잡아야 한다. 그리고 최대의 횡방향 계류력을 얻기 위해서는 'α'를 최소로 하고 'β'를 최대로 해야 한다. 다시 말해서 선수미선에 가능한 정횡에 가깝고 가능한 한 수평으로 계류삭을 잡아야 한다.

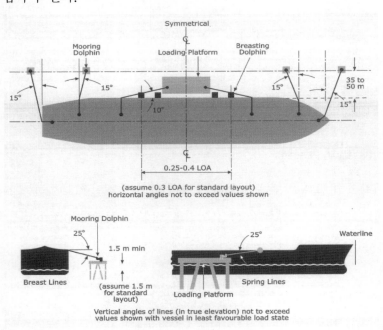

〈그림 3.2.4〉 일반적인 계류 배치(출처: OCIMF, 2008)

하지만, 실제 계류삭의 배치는 육상의 Bitt와 Bollard의 위치에 따라 달라진다. 이러한 상황에서 조선자는 최대의 계류 효과를 얻기 위해 수직, 수평 및 횡방향 계류력을 균등하게 얻을 수 있도록 계류삭을 배치하여야 한다.

Bitt는 직선 및 곡선 두 가지의 종류가 있다. 곡선 계선주는 일반적인 계류의 목적을 위해 부두의 가장자리를 따라 배치되고, 직선 계선주는 황천에 대비하여 추가의 수평 계류력을 얻기 위해 거리상으로 더 멀리 배치되고 storm bitt라고 불리기도 한다.

Chapter 2 : 묘박법

1. 앵커와 앵커 체인

1.1 앵커에 요구되는 기능

선박은 계류삭에 의해 부두에 고정된다. 바람이나 파도의 영향이 있는 부두에 선박을 계류시키기 위해서는 선박의 크기에 따라 외력을 상쇄시키고 운동 에너지를 흡수하기 위해 적절한 강도를 가진 충분한 수의 계류삭이 필요하다.

하지만 묘박중에는 투하된 앵커를 기준으로 선박이 움직이기 때문에 이러한 운동 에너지는 분산될 수 있다. 그러므로 투하된 앵커 및 앵커 체인의 역할은 단지 파주력 한계 내에서 외력을 저지하는 것이다. 그러한 차원에서 묘박은 하나 또는 두 개의 앵커 및 체인을 사용하여 계류하는 유연한 방법이라고 말할 수 있다.

묘박은 일시적으로 항구 바깥쪽에 있는 부두에서 대기할 때 또는 태풍과 같은 악천후로부터 선박이 대피할 때 사용된다. 예를 들어, 태풍이 접근할 때 항구의 안쪽에 있는 대부분의 선박들은 부두에서 외항 투묘지나 다른 적절한 피항 장소로 피항이 요구된다. 그러한 경우 앵커나 앵커체인에 의한 충분한 파주력이 필요하다. 투묘 후에 선박은 앵커에 의해서만 지지되고 있기 때문에 다음과 같은 앵커의 특성을 알아야 한다.

① 파주성능(Holding Performance): 앵커가 투하 되었을 때 앵커 플루크가 해저면을 확고히 파고들 수 있어야 한다.

② 파주력(Holding Power): 묘박 중 적당한 파주력이 유지되어야 한다.

③ 앵커의 안정성(Stability of Anchor): 앵커가 끌리더라도 회전하지 않아야 한다.

1.2 앵커의 형태와 무게

오늘날에는 〈그림 3.2.5〉와 같이 AC-14, JIS, Danforth 형태의 앵커가 가장 널리 사용된다. 이들 중 AC-14 및 JIS 유형은 일반 상선에서 사용하고, Danforth 형태는 소형선에서 사용한다. 선박에 구비된 앵커의 크기와 최소 무게는 각 선박의 의장수(equipment number)에 의해 규정된다. AC-14 앵커가 설치되어 있으면 앵커의 높은 파주 특성 때문에 의장수에서 규정된 무게보다 25%가 공제될 수 있다.

의장수

닻 및 닻줄에 대한 치수는 선급 및 강선규칙 제4편 제8장 의장수 산출식에 따라 결정된다. 그리고 고파주력 앵커를 사용하는 경우에는 의장수 표에서 정하는 앵커의 질량의 0.75배에 해당되는 질량으로 할 수 있다고 규정하고 있다.

$$Equipment\ Number = \Delta^{\frac{2}{3}} + 2Bf + \frac{A}{10}$$

여기서, Δ : 하계만재배수량(톤), B : 선폭(m)

f : 하계만재흘수선상에서 폭이 $B/4$보다 큰
최상층선루 또는 갑판실까지의 높이(m)

A : 하계만재흘수선상의 측면투영면적(m^2)

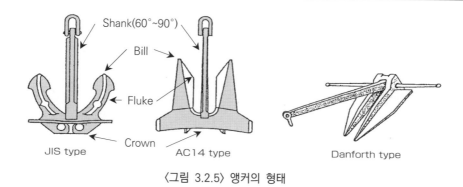

〈그림 3.2.5〉 앵커의 형태

〈표 3.2.1〉은 선박 형태 및 크기에 따른 일반 상선에 설치된 앵커(Stockless anchor) 및 앵커 체인의 예를 보여준다.

〈표 3.2.1〉 앵커와 앵커체인 예시

Ship size & type	Weight of anchor	Diameter of anchor chain
230,000 DWT VLCC	18.7ton	102mm
6,000 unit PCC	10.5ton	87mm
25,000 GT container ship	8.3ton	81mm
5,000 GT general cargo	2.7ton	56mm

1.3 앵커체인의 신출량

특정 길이의 체인이 해저에 놓여 있을 때 그 자체의 무게와 파주력에 의해 앵커에 대한 충격 및 하중은 완화될 수 있다. 강한 풍속하에서 선박이 스윙하면서 발생되는 충격을 흡수하고, 앵커가 수평적으로 끌어당겨지고, 플루크가 해저면에 확고하게 파고들도록 앵커체인을 수심과 해저조건에 따라 적절하게 신출하는 것은 매우 중요하다. 만약 앵커체인이 너무 짧게 신출되면 앵커 체인이 당겨질 때 Anchor shank가 들려서 적절한 파주력을 기대하기 어려울 것이다.

안전한 묘박을 위해 항상 적당한 길이의 앵커 체인을 수심에 따라 신출할 것을 권고하고 있다. 일반 기상상태에서 체인 길이의 기준은 3d+90(d : 수심)미터이다. 그러나 해상 상태가 나빠지면 최대한 신출이 요구된다. 체인 길이에 대한 일반적인 기준은 다음과 같다.

- 잔잔한 해면: 수심의 5배
- 일반적: 수심의 7~8배
- 악천후: 수심의 10배 이상

2. 묘박법

2.1 묘박법

〈그림 3.2.6〉은 전형적인 묘박법을 나타낸다.

① 단묘박(riding to a single anchor)은 좋은 기상 및 해상 상태에서 접안을 위해 대기하는 동안 또는 일시적으로 머물기 위해 가장 빈번하고 널리 사용되는 방법이다.

② 이묘박(riding to two anchors)은 2개의 앵커를 동시에 투하하여 같은 방향으로 같은 길이의 앵커 체인을 평행하게 신출하는 묘박법으로 두 배의 파주력을 얻을 수 있다.

③ 쌍묘박(mooring)은 선수 양현묘를 상당한 간격을 두고 투하하고 선수가 양묘의 중간지점으로 오도록 묘쇄를 조정한다. 선박은 조류 또는 풍향에 따라 선수방향이 바뀌면서 각각의 앵커에 교대로 장력이 걸리게 된다.

④ 'V'자 방식(riding to two anchors in a 'V' shaped arrangement)은 'V'자 모양을 형

성하도록 두 앵커 사이에 선박이 위치하는 묘박 방법이다.

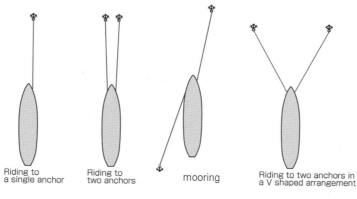

〈그림 3.2.6〉 묘박법

2.2 악천후에서 묘박 방법

악천후에서는 단묘박보다 이묘박이 안전하다. 두 개의 앵커 체인 사이의 각이 45°~60°로 'V'자를 형성하는 묘박법은 앞바람에 맞서 선박의 스윙을 억제한다. 그러나 풍향이 바뀔 때 파주력이 감소될 수 있으므로 주의해야 한다. 두 앵커 체인 사이의 각도가 특정 각도를 유지하는 이러한 묘박법을 open moor 라고 부르는데, 앞바람이 불 때 효과적인 방법 중 하나이다. open moor에서 두 체인 사이의 각도가 45°~60° 인 경우 최적의 파주력을 얻을 수 있다. 그 이외의 각도에서는 체인을 충분히 신출하지 않는다면 단묘박의 파주력과 유사해진다. 두 체인을 나란히 놓는 이묘박은 체인이 꼬일 위험은 있지만 단묘박의 2배의 파주력이 예상된다.

오늘날 대형 선박이 황천임에도 불구하고 종종 단묘박을 하는데 이는 충분한 여유수역이 없어 두 번째 앵커를 투하할 때 선박의 이동이 제한되기 때문에 두 체인 사이의 특정 각을 만들 여유가 없기 때문이다. 그런 경우에는 두번째 앵커를 투하하여 체인을 수심의 1.5배 정도 유지하여 제진묘로 사용함으로써 선박의 스윙을 절반 정도로 줄일 수 있다.

3. 투묘 및 양묘 방법

3.1 양묘기의 조작

(1) 투묘 방법

① windlass 전원을 작동시킨다.

② friction brake band를 푼다.

③ wild cat drum을 locking 한다.

④ riding chock와 deck stopper를 개방한다.

⑤ windlass를 반전시켜 앵커를 서서히 수면으로 내려가게 한다(walk back).

⑥ 앵커가 수면 가까이에 다다르면 windlass를 멈추고 friction brake band를 꽉 조인다.

⑦ locking pin을 wild cat drum에서 분리한다.

이렇게 앵커가 friction brake band 하나에 매달린 상태로서 투묘가 준비된 상태를 cock bill 상태라고 한다. 투묘시에는 friction brake band만 풀면 닻이 떨어지게 된다.

(2) 양묘 방법

① windlass 전원과 G/S pump를 작동한다.

② wild cat drum을 locking 하고, friction brake band를 푼다.

③ riding chock와 deck stopper를 개방한다.

④ windlass를 작동시켜 앵커를 올린다.

양묘기를 감아 올리는 속도는 보통 9m/min 이므로 1 shackle을 올리는데 3분이 소요된다. 따라서 묘박지에서 출항할 경우 신출된 체인의 양과 양묘기의 속도를 감안하여 양묘를 시작한다.

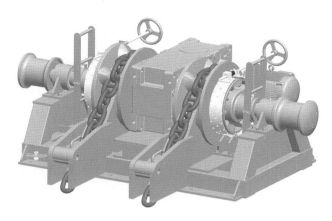

〈그림 3.2.7〉 양묘기(windlass)

3.2 투·양묘시 구령

(1) 투묘시 구령

Order	Answer back
① Stand by starboard(or port) anchor.	① Stand by starboard(or port) anchor. 준비가 끝나면, Stand by starboard(or port) anchor, sir.
② Let go anchor.	② Let go anchor. 즉시 앵커를 투하한다.
③ Pay out. (or Slack away chain.)	③ Pay out. (or Slack away chain.) 명령대로 이행한다.
④ Hold on chain at 2 shackles on deck(or in water).	④ Hold on chain at 2 shackles on deck(or in water). Hold on 되면, Hold on, sir.
⑤ 5 shackles on deck(or in water).	⑤ 5 shackles on deck(or in water). 완료 되면, 5 shackles on deck(or in water), sir.
⑥ Make fast chain.	⑥ Make fast chain. 완료 되면, Make fast chain, sir.
⑦ Clear forecastle.	⑦ Clear forecastle. 해산한다.

(2) 양묘시 구령

Order	Answer back
① Stand by heave in starboard(or port) anchor.	① Stand by heave in starboard(or port) anchor. 준비가 끝나면, Stand by, sir.
② Heave in anchor.	② Heave in anchor. 앵커를 감아 들인다.
③ Hold on.	③ Hold on. 작동을 멈춘 후, Hold on, sir.
④ Stow the anchor.	④ Stow the anchor. 앵커를 격납한 후, Anchor stowed, sir.
⑤ Clear forecastle.	⑤ Clear forecastle.

3.3 투·양묘 방법

(1) 후진 투묘

만약 특별한 제한이 없다면 양현 앵커는 번갈아 사용되어야 한다. 투묘 지점에 도착하기 전에 앵커는 수면 가까이까지 내려서 준비상태(cock bill)로 유지한다. 투묘 지점에서 선박을 멈추기 위해 선박의 길이만큼 떨어져 있을 때 후진 추력을 사용하는 것이 좋다. 선박이 후진을 천천히 시작하면 기관정지(Stop engine)와 투묘(let go archor)를 동시에 실시하고 후진 관성을 이용하여 체인을 신출한다. 이 때 과도한 후진이 발생하지 않도록 엔진을 조절해야 한다. 앵커 체인은 한꺼번에 해저에 쌓이지 않도록 신출 속도를 조절한다. 계획된 체인 길이만큼 신출하였을 때 브레이크를 잡고 앵커가 해저면에 잘 박혔는지(brought up) 확인하기 위해 기다린다. 브링업(bring up)은 체인이 팽팽해진 다음 다시 느슨해지고 선박이 선회하는 현상으로 확인될 수 있다. 후진 묘박 시 선박은 투묘 지점에 매우 느린 속력으로 접근하여 바람과 해류의 영향을 받기 쉽지만 상선에서는 이 같은 방법이 매우 일반적이다.

(2) 전진 투묘

전진 투묘는 종종 군함에서 지정된 투묘지점에 정확히 투묘해야 할 때 사용되는 방법이다. 이 경우 선박은 전진을 유지하면서 투묘하고 계획된 길이까지 체인을 신출한다. 과도한 장력으로 인해 체인이 절단되거나 체인이 신출되는 과정에서 마찰에 의해 선체가 손상될 위험이 있기 때문에 전진 타력을 조절하는 것이 중요하다.

(3) 심해 투묘

수심이 깊은 곳에서 투묘하거나 무거운 앵커를 구비하고 있는 대형선이 투묘하는 경우 만약 앵커가 일반적인 준비 상태에서 투하된다면 앵커가 해저에 세게 부딪혀 손상될 위험이 있고 체인에 영향을 미쳐 체인이 격렬하게 튀어 오를 것이다. 결과적으로 앵커와 체인이 해저 위에 적절하게 놓이지 않게 될 것이다. 이를 피하기 위해 심해 투묘 기준에 따라 양묘기를 역전시켜(walk back) 투묘한다.

선박의 대형화로 정박지의 수심이 30~40m까지 증가되어 이 수심까지도 대형선들의 경우 일반적인 투묘 절차에 의해 투묘가 가능하다.

수심이 50m에 이르면 심해투묘로서 앵커를 해저면 상부 10m까지 워크백(walk back)으로 내려서 후진하면서 투묘한다. 수심이 50m 이상인 경우 앵커는 거의 해저면까지 내려 후진하면서 투묘한다. 이러한 경우 앵커와 체인에 대한 수압 저항을 고려하여 선박의 운항속력을 최소로 유지해야 한다.

비록 심해 투묘의 한도가 양묘기의 성능(용량)에 달려있지만 일반적으로 양묘기의 적격 용량과 관련하여 약 100m까지로 여겨진다. 조선자는 앵커와 신출해야 하는 체인의 무게와 관련하여 자선 양묘기의 하중 용량과 수심의 한도에 관한 전반적인 지식이 요구된다.

(4) 양묘

앵커를 양묘하기 위해 양묘기의 클러치를 끼우고 브레이크를 풀어준다. 그리고 펄을 씻기 위해 해수를 작동한다. 양묘기의 감아 들이는 속력이 9m/min일 때 1 shackle (27.5m)을 감아 올리는데 약 3분이 소요될 것이다. 만약 양묘 중 체인이 선저에서 엇갈리거나 다른 상황으로 인해 양묘기에 과부하가 걸리거나 체인이 과도하게 팽팽해졌다면 엔진과 타를 적절하게 이용하여 과도한 장력을 줄여준다. 양묘할 때 다음과 같은 용어가 사용된다.

- short stay: 체인의 길이가 수심의 약 1.5배 신출된 상태
- up and down: 앵커가 해저면을 떠나기 직전 수직으로 매달려 있는 상태
- anchor aweigh: 앵커가 해저면으로부터 떨어진 상태

up and down과 anchor aweigh의 순간은 거의 동시에 발생되며 묘쇄공으로부터 수직으로 팽팽하게 매달리면서 앵커와 체인의 전체 무게가 양묘기에 실어지게 된다. 이 순간이 항해의 시작이다. 만약 앵커가 수면상에 다른 물체와 엉키는 것 없이 올라오면 clear anchor 라고 하고, 앵커가 다른 물체와 엉켜서 수면상에 올라온다면 foul anchor 라고 한다. 앵커를 감아 올려서 원래 위치로 되돌려 놓으면 양묘 작업이 완료된 것이다.

4. 앵커의 파주력

4.1 파주력 계수

앵커의 파주력은 다음 식으로 표현되고, 앵커의 무게가 증가됨에 따라 증가한다.

$$H = KW$$

H : 앵커의 파주력   W : 앵커의 무게   K : 파주력 계수

파주력 계수(K)는 비례상수이고 앵커의 종류와 해저의 질에 따라 결정되지만, 앵커의 파주력은 앵커의 무게, 해저 저질의 단단한 정도, anchor fluke의 상태, 앵커가 끌리는 속도에 따라 달라질 수 있다.

4.2 파주력 계수의 값

(1) 정적 파주력 계수(static holding power coefficient)

정적 파주력이란 끌리지 않고 같은 위치에서 해저를 fluke가 단단히 붙잡고 있을 때 앵커의 파주력을 의미한다. 파주력의 값은 다음과 같은 조건에 따라 수 많은 모형시험을 통해 얻을 수 있다.

〈그림 3.2.8〉과 같이 모형 앵커는 같은 저질 상태에서 일정 속력으로 반복적으로 당겨진다.

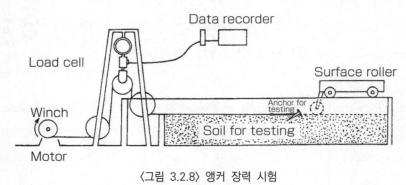

〈그림 3.2.8〉 앵커 장력 시험

〈그림 3.2.9〉는 상기 실험에서 얻어진 파주력 그래프이다. 그래프에서 볼 때 앵커의 최대 파주력은 fluke가 해저에 확고히 박힌 상태에서 끌릴 때 측정된다. 이 실험은 가능한 최대의 파주력과 많은 속력의 조합에 의한 표본을 얻기 위해 당기는 속력을 달리하여 반복한다.

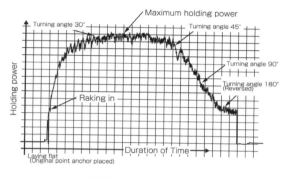

〈그림 3.2.9〉 파주력

〈그림 3.2.10〉과 〈그림 3.2.11〉은 각각 10kg의 JIS 앵커와 AC-14 앵커가 같은 저질 (모래) 상태에서 얻은 실험 데이터 값을 나타내고 있다. 수평축은 끄는 속력(V)을 나타내고, 수직축은 최대 파주력 계수(H_D/W)를 나타낸다(H_D : 최대 파주력, W : 앵커의 무게). 최대 파주력 계수(H_D/W)와 끄는 속력(V)의 관계는 다음 식으로 설명할 수 있다.

$$\frac{H_D}{W} = aV + b$$

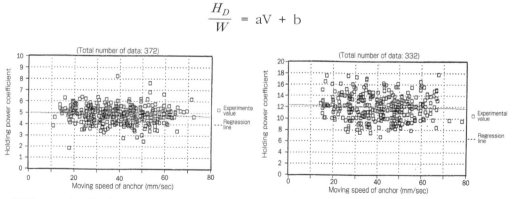

〈그림 3.2.10〉 파주력 계수와 속력 관계(JIS type)　〈그림 3.2.11〉 파주력 계수와 속력 관계(AC14 type)

미세하게 줄어드는 형태의 회귀선과 교차하는 수직축의 지점(V=0일 때)이 최대 파주력 계수(b)를 나타낸다. 최대 파주력 계수와 끄는 속력 사이의 의미있는 상관관계가 없어 정적 계수와 동적 계수는 거의 같아 보인다(하지만 앵커가 끌리는 경우 일반적으로 앵커가 회전하면서 플루크가 해저면에서 잘 파고 들지 않아 파주력 계수가 작아지는 것이다).

(2) 최대 파주력 계수의 불규칙성

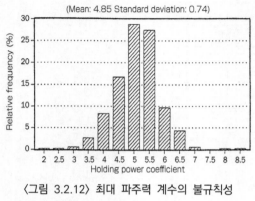

〈그림 3.2.12〉 최대 파주력 계수의 불규칙성
(JIS type)

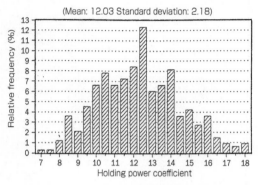

〈그림 3.2.13〉 최대 파주력 계수의 불규칙성
(AC14 type)

〈그림 3.2.12〉와 〈그림 3.2.13〉은 〈그림 3.2.10〉과 〈그림 3.2.11〉에서 얻어진 불규칙한 데이터를 나타낸 것이다. 그러나 다수의 실험으로부터 얻어진 최대 파주력 계수의 값은 정규분포로 간주되는 불규칙이 존재한다. 이것은 동일한 앵커의 파주력이 다양한 요소에 의해서 각각의 투묘 작업 동안 달라질 수 있음을 의미한다.

〈표 3.2.2〉 최대 파주력 계수의 불규칙성

저질	앵커 형태	평균	Standard deviation	Variable coefficient	Total sample of data
모래	JIS type	4.85	0.74	15%	372
	AC14 type	12.03	2.18	18%	332
펄	JIS type	4.82	0.99	21%	77
	AC14 type	6.58	1.61	24%	29

〈표 3.2.2〉는 저질이 모래일 때 10kg JIS 앵커와 AC-14 앵커로 실험한 통계자료의 불규칙성과 저질이 펄일 때 20KG JIS 앵커와 AC-14 앵커로 실험한 통계 자료의 불규칙성을 나타낸다.

(3) 파주력 계수의 결정

앵커의 파주력은 모형 실험에서의 저질과는 달리 실제 해저 저질에 대한 보다 많은 불확실한 요소들의 영향으로 달라질 수 있다. 이러한 관점에서 파주력은 확률변수로써 고려되어야 한다. 하지만 이 값이 다를 수 있다는 이해를 전제로 결정된 값이므로 이용 가능하다. 어떻게 표준 파주력 계수를 정할 것인지에 대한 방법은 전술한 가정을 근거로 다음과 같다.

모형 앵커의 무게가 가벼울수록 큰 파주력 값이 나타나고, 모형 앵커의 무게가 무거울수록 작은 파주력 값이 나타나는 경향이 있다. 하지만 모형 앵커의 무게가 1톤 이상인 경우 파주력의 값은 거의 일정하게 된다. 그러므로 실제 앵커의 파주력 계수는 무게가 1톤을 초과하는 모형 앵커의 파주력에 의해 정의된다. 〈표 3.2.3〉은 앵커의 종류와 저질에 따른 최대 파주력 계수의 평균값을 보여준다.

〈표 3.2.3〉 최대 파주력 계수의 평균값

type	Sand	Mud
AC14 type	8.8	12.6
JIS type	3.9	3.7

파주력 계수의 값(K)은 최대 파주력 계수의 불규칙성에 대한 충분한 모형 실험을 통해 얻은 통계값이고, 계산시 확률 편차를 고려하였다. 실제 표준값은 다음 식으로부터 얻어진다.

$$K = \lambda - \gamma$$

$$\gamma = 0.6745\sigma$$

$$\lambda = 평균값 \qquad \gamma : 확률 편차 \qquad \sigma : 표준 편차$$

$K = \lambda - \gamma$은 파주력 계수의 표준값으로 여겨진다. 실제 앵커의 파주력 계수가 표준 파주력 계수(K)보다 작을 확률은 0.25 보다 작다. 다시 말해서 네 번의 묘박 중 세 번은 파주력 계수가 표준값이고, 그 중 한번은 표준값보다 작을 수 있다.

이와 같은 과정을 거쳐 결정된 표준 파주력 계수 값은 〈표 3.2.4〉와 같다. JIS 타입 앵커의 표준 파주력 계수는 모래에서 3.5이고, 펄에서 3.2이다. 반면 AC-14 타입은 모래에서 7.7이고, 펄에서 10.6이다.

〈표 3.2.4〉 표준 파주력 계수

JIS type			AC14 type		
	Sand	Mud		Sand	Mud
Mean(λ)	3.9	3.7	Mean(λ)	8.8	12.6
Variable parameter (C)	15%	21%	Variable parameter (C)	18%	24%
Standard deviation (σ)	0.59	0.78	Standard deviation (σ)	1.58	3.02
Random deviation (γ)	0.39	0.52	Random deviation (γ)	1.07	2.04
Standard holding power coefficient	3.5	3.2	Standard holding power coefficient	7.7	10.6

같은 크기의 앵커라 할지라도 실험 장소에 따라 저질의 점성이나 성분이 다르기 때문에 파주계수는 달라질 수 있다. 이러한 것을 감안하여 Yoon(2002)은 〈표 3.2.5〉와 같은 파주계수를 제시하고 있다.

〈표 3.2.5〉 저질에 따른 파주계수

	mud	sand	gravel	rock	dragging
λ_a(AC-14)	10	8	8	2.5	2
λ_a(JIS)	4	3.5	3	2	1.5
λ_c	1	1	0.8	0.8	0.5

4.3 주묘 위험성 평가

주묘 위험성을 평가하기 위해 저자가 개발한 프로그램(Jung, 2018)을 소개하면 다음과 같다.

(1) 외력 평가 모델링

정박중인 선박에 작용하는 외력으로는 바람에 의한 수면상부에 작용하는 풍압력, 수면하 선체 표면에 작용하는 유체의 마찰력 그리고 파도의 충격에 의한 표류력의 총합으로 계산되고, 이에 대응하는 파주력으로는 앵커와 앵커체인의 파주력의 합으로 계산된다.

① 풍압력

풍압력 계산은 식(1)과 같고, 정면 풍압계수는 Fujiwara et al. (1998) 풍동실험 결과를 적용하였다.

$$F_W = \frac{1}{2}\rho_a C_a A_T V_a^2 \times \frac{1}{1000} \qquad\qquad (1)$$

여기서, F_W : 풍압력$(t \cdot f)$, ρ_a : 공기밀도$(kg \cdot \sec^2/m^4)$,

C_a : 정면 풍압계수, A_T : 정면 풍압면적(m^2),

V_a : 풍속(m/s)

그리고 정면 풍압면적은 〈그림 3.2.14〉와 같이 개발된 프로그램에서 수면상부 구조물의 폭과 높이로 개략적으로 계산할 수 있으며(직접 입력 가능), 강풍 시에는 스윙현상으로 인하여 정면 풍압면적의 2배를 적용하므로 정면 풍압면적 계산 시 선택할 수 있도록 구성하였다(Jung, 2009).

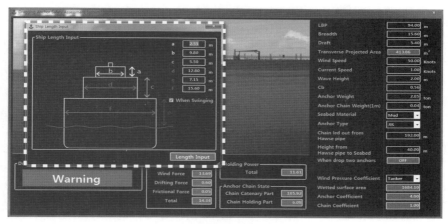

〈그림 3.2.14〉 정면 풍압면적의 계산

② 마찰력

마찰력의 계산은 식(2)와 같고, 마찰저항계수는 Reynold number에 따른 Schoenherr 곡선 및 ITTC 1957 모형선-실선 상관곡선을 이용하였다.

$$F_C = \frac{1}{2}\rho_w C_f S V^2 \times \frac{1}{1000} \qquad\qquad (2)$$

여기서, F_C : 마찰저항$(t \cdot f)$, ρ_w : 해수밀도$(kg \cdot \sec^2/m^4)$,

$\quad\quad\quad C_f$: 마찰저항계수,　　S : 침수표면적(m^2),

$\quad\quad\quad V_w$: 유속(m/s)

그리고 침수표면적(S)은 식(3)과 같이 계산되어 식(2)에 적용된다.

$$S = (1.7d + C_b \cdot B)\, L \tag{3}$$

여기서, d : 흘수(m),　C_b : 방형비척계수,

$\quad\quad\quad B$: 선폭(m),　　L : 수선간장(m)

③ 표류력

표류력의 계산은 식(4)와 같고, 표류계수는 파향을 고려한 파장/선박길이(λ/L)에 따른 정면 표류계수 적용, 그리고 불규칙파에 대한 유의파고를 고려하였다(Hirano, 1995; Remery, 1973).

$$F_D = \frac{1}{2}\rho_w C_w g L h_c^2 \times \frac{1}{1000} \tag{4}$$

여기서, F_D : 표류력$(t \cdot f)$, ρ_w : 해수밀도$(kg \cdot \sec^2/m^4)$,

$\quad\quad\quad C_w$: 표류계수,　　　　g : 중력가속도$(m/\sec^2)$,

$\quad\quad\quad L$: 수선간장(m),　h_c : 파 진폭(m)

④ 파주력

파주력의 계산은 식(5)와 같고, 앵커 및 앵커체인의 파주계수는 〈표 3.2.5〉를 적용하였다.

$$P_T = P_a + P_c = w_a\lambda_a + w_c\lambda_c l \tag{5}$$

여기서, P_T : 앵커와 체인의 총 파주력($t \cdot f$)

P_a : 앵커의 파주력($t \cdot f$), P_c : 체인의 파주력($t \cdot f$)

λ_a : 앵커의 파주계수, λ_c : 체인의 파주계수

ω_a : 앵커의 중량(t), ω_c : 체인의 수중중량(t)

l : 해저에 깔린 체인의 길이(m)

⑤ 현수부 및 파주부 길이

현수부의 길이 계산은 식(6)과 같고, 파주부의 길이 계산은 식(7)과 같다.

$$S = \sqrt{h\left(h + \frac{2H}{w_c}\right)} \tag{6}$$

여기서, h : 묘쇄공에서 해저까지의 높이(m)

w_c : 1m에 해당되는 체인의 수중무게(t)

H : 외력에 의해 체인에 작용하는 장력($t \cdot f$)

$$l = F - S \tag{7}$$

여기서, F : 체인의 총 신출길이

S : 현수부의 길이

(2) 주묘 판별 절차

주묘 위험성을 판단하기 위한 계산 과정은 〈그림 3.2.15〉와 같다. 우선 외력의 총합을 계산한다(total external forces). 그리고 외력에 따른 파주부의 길이를 계산하고(holding part), 앵커 및 파주부 길이에 따른 체인의 파주력 총합을 계산한다(total holding power). 마지막으로 외력과 파주력의 총합을 상호 비교한다.

주묘의 위험성이 있다고 판단되는 경우는 외력의 합이 파주력의 합보다 큰 경우 그리고(또는) 앵커 체인의 파주부 길이가 5미터 미만인 경우이다. 파주부의 길이가 5미터 미만인 경우에는 악천후로 인한 선체의 상하운동으로 현수부에 해당되는 체인이 흔들리면

서 앵커의 파주력에 영향을 줌으로써 파주력이 급격히 감소될 수 있기 때문이다(Jung, 2009).

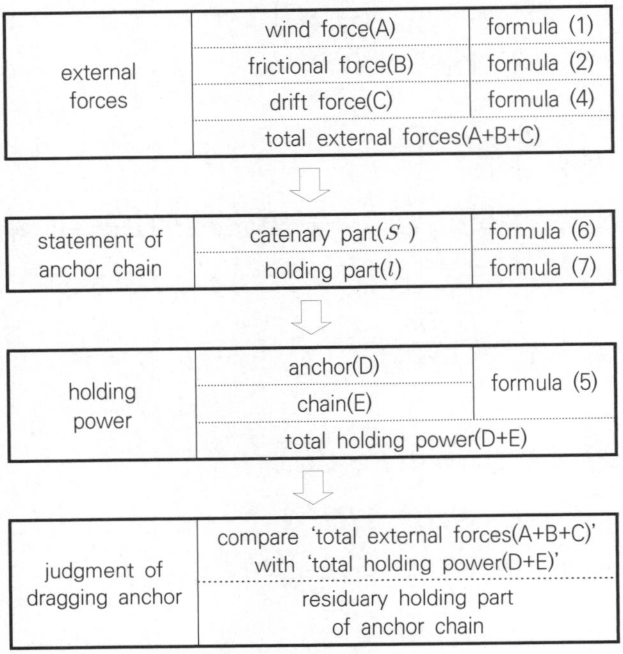

external forces	wind force(A)	formula (1)
	frictional force(B)	formula (2)
	drift force(C)	formula (4)
	total external forces(A+B+C)	

| statement of anchor chain | catenary part(S) | formula (6) |
| | holding part(l) | formula (7) |

holding power	anchor(D)	formula (5)
	chain(E)	
	total holding power(D+E)	

| judgment of dragging anchor | compare 'total external forces(A+B+C)' with 'total holding power(D+E)' |
| | residuary holding part of anchor chain |

〈그림 3.2.15〉 주묘 위험성 계산 과정

(3) 입력요소 결정

주묘 위험성 판단 프로그램은 본 계산 과정에 필요한 입력요소를 항해사, 선장, VTS 관제사(단, VTS에서 활용하고자 할 경우에는 관련 정보가 공유되어야 함) 등 사용자가 최대한 손쉽게 찾아서 입력할 수 있도록 구성하였다.

〈표 3.2.6〉은 본 프로그램의 시작화면에서 주묘 위험성을 계산하기 위해 입력해야만 하는 항목이다. 가장 우선적으로 선종을 선택해야 하는데 'wind pressure coefficient'를 클릭하여 선종을 선택하면 풍압계수가 선택된다. 그리고 'transverse projected area'는 앞서 설명한 바와 같이 수면상부 구조물의 폭과 높이로 쉽게 계산이 가능하다. 또한 풍속 및 유속은 'knot'로 입력하면 'm/s' 단위로 환산되어 계산식에 적용되도록 구성하였으며, 파진폭 및 앵커체인의 수중무게 등도 환산되어 계산식에 적용되도록 편의성을 추구하였다. 〈표 3.2.7〉 및 〈표 3.2.8〉은 이론 계산과정에서 필요한 항목이지만 사용자가 입력요

소를 찾지 않아도 되는 항목이다.

〈표 3.2.6〉 Input data

input data	value	unit
wind pressure coefficient		–
LBP		m
breadth		m
draft		m
transverse projected area		m2
wind speed		knot
current speed		knot
wave height		m
Cb		–
anchor weight		ton
anchor chain weight(1m)		ton
seabed material	Sand or Mud	
anchor type	AC-14 or JIS(ASS)	
chain led out from hawse pipe		m
height from hawse pipe to seabed		m

〈표 3.2.7〉 Fixing data during calculation

fixing data during calculation	value	unit
wetted surface area		m2
anchor coefficient	AC-14　and Mud: 8 AC-14　and Sand: 7 JIS and Mud: 4 JIS and Sand: 3.5	
chain coefficient	Mud: 1 Sand: 0.8	
chain catenary part		m
chain holding part		m

〈표 3.2.8〉 Fixed data

fixed data	value	unit
air density	0.125	kg·sec2/m4
water density	104.6	kg·sec2/m4
frictional resistance coefficient	0.002	–
wave drifting coefficient	0.1	–
gravitational acceleration	9.8	m/s

(4) 프로그램 개발

　주묘 위험성 판단 프로그램은 〈그림 3.2.16〉에서와 같이 우측 점선으로 표시된 입력창과 중간 계산과정에서 정해지는 입력값 및 외력과 파주력의 총합이 하단부에 표시된다. 우측의 입력값을 입력함으로써 하단부의 중간 계산값들이 실시간으로 계산되며, 이를 바탕으로 본 화면에 체인의 현수부 및 파주부 길이를 보여주고 주묘 위험성을 최종 판정하여 'Safe' 또는 'Warning'으로 표시된다. 〈그림 3.2.17〉에서와 같이 주묘 위험성이 있다고 판정되는 경우에는 파주력의 크기, 파주부 길이와 함께 'Warning'이 빨간색으로 표시되어 식별이 용이하도록 표현하였다.

〈그림 3.2.16〉 Developed dragging discrimination program (in case of safe)

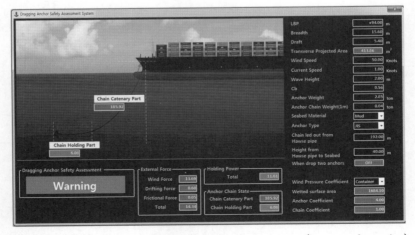

〈그림 3.2.17〉 Developed dragging discrimination program (in case of warning)

4.4 끌리는 상태에서의 앵커와 체인

(1) 앵커의 파주력 계수

앵커가 끌리면 회전하여 플루크가 위로 향하게 되어 파주력은 단지 해저면과의 마찰에 의해 결정된다. 표준 파주력 계수값은 모래와 펄에 상관없이 JIS 타입은 1.5이고, AC-14 타입은 2.0이다.

(2) 앵커체인의 파주력 계수

해저면 위로 미끄러지는 앵커 체인의 파주력 계수는 해저 저질에 대한 체인의 마찰저항으로 모래에서 0.75이고, 펄에서 0.6이다.

(3) 드래깅 상태에서 앵커의 패턴

드래깅 상태에서 JIS 타입 앵커는 자세가 불안정하다. 앵커가 당겨지는 동안 fluke의 어느 한 쪽이 해저에 깊이 파고 들 때 갑자기 뒤집어지는 경향이 있다. 일단 뒤집어지면 다시 파고들지 못하고 계속 끌리게 된다. 반면에 AC-14 타입의 앵커는 끌리면 뒤집어 진 후 다시 파고드는 과정을 반복한다. 즉, 파고 듬 → 경사 → 비스듬히 끌리기 → 뒤집어 짐(원래 자세로 복구) → 직선으로 끌림 → 파고 듬 과정을 보인다. AC-14 타입 앵커는 끌리고 뒤집혔음에도 불구하고 해저를 다시 파고드는 특성이 있다.

5. 악천후에서의 묘박

5.1 스윙 운동

강한 바람이 불 때 묘박한 선박은 〈그림 3.2.18〉과 같은 형태로 스윙 운동을 한다. 선박이 바람에 사선으로 놓일 때 선체는 횡방향 힘을 받게 된다. 이 횡방향 힘이 선박을 측면으로 이동하게 하는 원인이 된다. 선박이 측면으로 움직이면 선수에서는 앵커 체인의 제진력이 점점 커져 한계에 도달한다. 선박이 스윙 한계에 도달하면 선체는 팽팽해진 체인의 반력에 의해 체인의 장력이 완화될 때까지 풍상측을 향해 앞으로 당겨진다.

그러나 선미부의 스윙은 지속되고 선체는 앞으로 당겨져 바람은 선수에서 잠시 받다가 바람을 받는 현측이 바뀌게 된다. 이 단계에서 선박의 움직임은 가장 느려진다. 그 이후 갑자기 선수가 풍하측으로 밀리고 체인의 방향과 선박의 선수미 중심선이 동일선상에 놓이게 된다. 이 단계에서 최대 하중이 앵커와 앵커체인에 발생하게 된다.

이러한 스윙 모션 과정에서 일정한 하중과 충격 하중이 앵커에 반복된다. 선박이 횡으로 이동할 때 생기는 일정한 하중은 앵커의 파주력을 초과하지 않는다. 그러나 스윙 운동의 끝단에서 발생되는 충격 하중은 파주력을 초과하여 선박을 끌리게 할 수 있다. 비록 앵커가 끌리기 시작하더라도 적절한 파주력만 계속 유지된다면 선박은 계속하여 앵커에 지지될 수 있을 것이다. 그러나 만약 앵커가 뒤집히거나 파주력을 계속 유지할 수 없다면 주묘는 불가피하다.

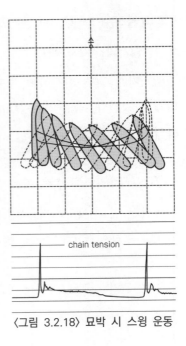

〈그림 3.2.18〉 묘박 시 스윙 운동

5.2 스윙 운동과 체인 현수부 길이와의 관계

신출된 앵커 체인의 총 길이는 〈그림 3.2.19〉와 같이 앵커 체인과 선박이 동일선상에 위치하고 수심에 따라 적절한 길이의 체인을 신출하였다면 다음 식에 따라 계산할 수 있다.

$$L = \iota + s$$

$$s = \sqrt{y^2 + 2(\frac{T_x}{W_c})y}$$

L : 신출된 전체 체인의 길이　　　　ι : 해저에 놓인 체인의 길이

s : 현수부의 길이　　　　　　　　　y : 묘쇄공부터 해저면까지의 높이

T_x : 체인 장력의 수평요소　　　　Wc : 체인의 수중무게

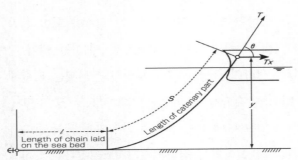

〈그림 3.2.19〉 신출된 체인 전체 길이와 현수부 길이

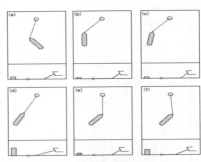

〈그림 3.2.20〉 스윙 운동과 현수부의 관계

신출된 앵커 체인은 해저에 놓인 부분과 현수부로 구성되어 있다. 신출된 체인 전체 길이는 선박의 스윙 운동 에너지를 흡수하고, 현수부 모양이 바뀌며, 그 장력을 앵커에 전달시킨다. 앵커에 전달되는 힘이 작을수록 현수부는 느슨해지고 해저면에 놓인 체인의 길이는 길어지며, 앵커에 더 큰 힘이 전달될수록 해저면에 놓인 체인의 길이는 짧아진다.

해저면에 놓인 체인의 길이 또한 파주력에 영향을 준다. 〈그림 3.2.20〉은 해저면에 놓인 체인의 길이가 스윙 운동에 따라 어떻게 변하는가를 설명해준다.

(a), (e), (f) 지점에서는 선박이 측면으로 이동하는 과정으로 체인에 걸린 장력은 보통이고 해저면에 깔린 체인의 길이 변화는 거의 없다. (b)지점에서는 앵커에 의한 억제력이 증가하여 스윙 운동의 한계지점에 도달하고 현수부가 느슨해지기 시작한다. (c)지점에서는 선박이 체인의 반발력으로 바람이 부는 앞쪽으로 이동하여 바람을 받는 현측이 바뀌게 된다. 이 순간 체인의 장력이 가장 약해져 해저에 놓인 체인의 길이는 최대가 된다. (d)지점에서는 앵커체인의 장력이 점차 강해지고 선박의 선수미선 방향과 앵커체인의 방향이 일치하는 지점으로 앵커에 큰 충격이 가해진다. 이 순간이 체인에 장력이 가장 크게 작용하여 해저면에 놓인 체인의 길이가 가장 짧아지게 된다.

5.3 안전 조치 사항

안전한 묘박을 위해서는 주묘(dragging anchor)를 예방하는 것이 중요하다. 주묘는 스윙 운동이 심해져 앵커에 걸리는 하중이 증가할 때 일어난다. 그러므로 스윙운동을 완화시키기 위한 적절한 조치를 취해야 한다.

일반적으로 스윙 운동은 수면에 잠긴 부분보다 풍압면적의 비율이 더 큰 선박에서 강해진다. 예를 들어 VLCC와 같이 비대한 선박은 운동이 심하지 않고, 바지나 준설선 같은 박스 형태의 선박은 이 같은 운동이 거의 발생되지 않는다. 반면에 PCC의 경우 스윙 운동이 심하다. 상부구조물의 형태 관점에서는 풍압중심이 후방으로 갈수록 스윙운동이 작아진다.

〈표 3.2.9〉는 일반적인 상선이 어떻게 스윙 운동을 효과적으로 완화시킬 수 있는지 보여주고 있다.

〈표 3.2.9〉 스윙 운동을 완화하는 조치사항

조치사항	효 과	비 고
흘수증가	배수량 증가로 스윙 운동이 줄어든다.	
trim by the head	풍압중심이 선미쪽으로 이동하여 스윙 운동이 줄어든다.	'1.5m trim by the head'가 효과적이다.
체인의 신출량 증가	파주력이 증가하고 체인에 걸리는 충격이 완화된다.	선형과 선박의 크기에 상관없이 효과적이다.
2개의 앵커를 나란히 투하	파주력이 증가한다.	앵커가 꼬일 수 있으므로 주의가 요구된다.
2개의 앵커 'V'자형 투묘	45°~60° 각도로 투묘할 때 스윙 운동이 줄어들고 각 앵커에 걸리는 하중이 60%까지 줄어든다.	풍향이 바뀌면 한쪽에 하중이 증가하기 때문에 주의해야 한다.
Bow thruster 사용	풍향을 선수로 유지하면 스윙 운동과 체인에 걸리는 장력이 크게 줄어든다.	
S/B Engine	선수가 풍향 방향으로 잘 유지될 때 저속 엔진과 타를 사용하면 효과적이다.	과도한 전진 타력은 오히려 체인에 충격을 줄 수 있고 주묘를 일으킬 수 있다. 후진 타력은 스윙 운동을 줄일 수 있으나 과도할 경우 풍압력과 더해져 주묘를 일으킬 수 있다. 적절한 추력을 유지하기 위해서는 상당한 노력이 요구된다.

6. 주묘 위험

6.1 주묘 위험의 유추

(1) 주묘의 가능성

강한 바람이 부는 상태에서 외력이 앵커의 파주력을 초과했을 때 주묘가 발생된다. 그 순간 불안정한 앵커는 어느 정도 회전할 것이다. 그리고 회전하는 앵커의 각도는 앵커가 끌리는 동안 점점 증가할 것이다. 앵커가 45° 정도 기울어졌을 때 앵커는 파주력을 잃고 주묘가 가속된다.

〈그림 3.2.21〉은 주묘 가능성을 도출해내는 계산과정의 흐름도이다.

먼저 선종, 선박 크기, 수심, 저질, 정박지 상태, 해상상태를 입력하여 선박의 스윙 운동 시뮬레이션을 실시한다. 그런 다음 앵커에 하중이 걸리고 스윙운동이 발생한 상태에서 앵커가 조금씩 움직인 거리들의 합을 계산한다. 그리고 나서 앵커가 움직인 거리의 합과 주묘 기준을 비교하여 주묘 가능성을 도출한다.

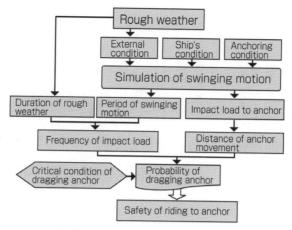

〈그림 3.2.21〉 주묘 가능성 계산 과정

〈그림 3.2.22〉는 풍속 15 m/sec, 20 m/sec, 25 m/sec일 때 10 shackles의 체인을 신출한 단묘박 중인 공선상태의 6000대급 PCC와 만선상태인 160,000 DWT 탱커의 주묘 가능성을 나타내고 있다.

그래프로부터 탱커는 시간의 변화에 따라 주묘의 위험성이 증가하지 않지만, PCC에서는 시간의 변화에 따라 주묘의 위험성이 빠르게 증가하는 것을 알 수 있다.

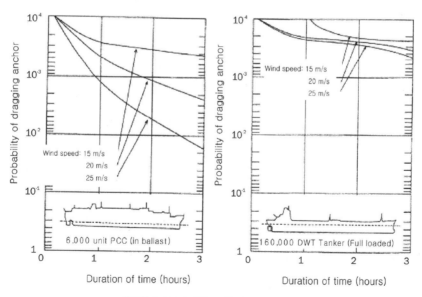

〈그림 3.2.22〉 주묘 가능성 계산 결과

(2) 주묘 위험 지수

주묘의 위험성을 판단하는 다른 수단으로는 주묘 위험 지수를 사용하는 것이다. 외력이 파주력보다 크게 작용하면 주묘 위험이 있다고 보는 것이다. 앵커의 파주력을 넘어선 외력이 작용하면 주묘 위험성을 고려해야 하고 그러한 가능성은 stress-strength model의 개념에 따라 지수화 될 수 있다.

선박에 작용하는 힘(외력)과 앵커와 체인에 의한 파주력을 각각 확률변수 'S'와 'R'이라고 하자. 앵커는 'S'가 'R'보다 클 때 움직인다. 그리고 그것이 일어날 가능성(P0)은 다음 식과 같이 나타낼 수 있다.

$$P_r = Prob(S-R \rangle 0)$$

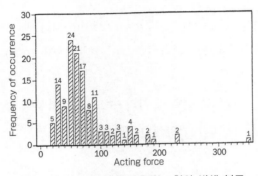

〈그림 3.2.23〉 앵커에 작용하는 힘의 발생 분포

작용하는 힘(S)의 확률분포함수(FS)는 'S'의 발생 빈도라 여겨질 때 〈그림 3.2.23〉과 같이 계산되고, 앵커와 체인의 파주력(R0)을 넘어서는 'S'의 발생 비율로써 주묘 위험 지수를 추론할 수 있다. 다시 말해, 주묘 위험 지수는 임의 확률 함수에서 'R0'의 정의된 값을 초과하는 'S'의 가능성으로 다음 식과 같이 나타낼 수 있다.

$$P_r = 1 - F_s(R_0)$$

위의 과정으로부터 추론된 주묘 위험 지수는 선박의 스윙 운동과 그로 인한 힘이 파주력보다 작으면 주묘 위험은 없고, 반면 외력이 파주력보다 큰 경우가 절반 이상 나타나면 위험지수는 50% 이상이며 주묘가 곧 일어날 것으로 본다.

(3) 주묘 위험지수와 주묘 가능성 사이의 상관관계

〈그림 3.2.24〉는 각기 다른 풍속, 신출된 체인의 길이 및 수심에서 JIS타입의 앵커를
장착한 공선상태인 6000대급 PCC가 저질이 모래인 곳에서 시뮬레이션을 한 것으로부터
추론된 2시간 후 주묘 가능성과 주묘 위험지수 사이의 상관관계를 보여준다. 주묘 위험
지수가 30% 이하인 부근에서는 주묘 가능성이 낮다. 그리고 주묘 위험지수가 70%를 초
과하면 주묘 위험에 임박한다. 그러므로 위험지수가 30% 이하이면 투묘 상태가 안정하
다고 할 수 있고, 반면에 70% 이상이면 묘박 중 위험하다고 할 수 있다.

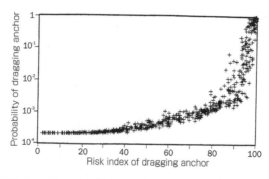

〈그림 3.2.24〉 주묘위험지수와 주묘 가능성의 상관관계

6.2 주묘 위험 지수의 관점에서 단묘박일 때 신출해야 하는 앵커 체인의 길이

〈그림 3.2.25〉는 수심이 20m이고 저질이 모래인 곳에 단묘박하고 있는 공선 상태의
6000대급 PCC가 각기 다른 풍속에서 주묘 위험 지수 30%(안전한 범위)에서 요구되는
앵커 체인 길이를 보여준다. 그래프는 〈표 3.2.4〉의 표준 파주력 계수를 기초로 한 JIS
타입과 AC-14 타입 앵커의 수치를 포함한다.

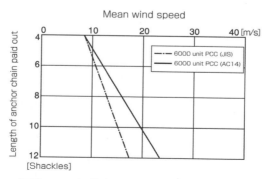

〈그림 3.2.25〉 앵커 체인 길이와 풍속의 상관관계

〈그림 3.2.25〉에 따르면 15m/sec의 풍속에서 단묘박 중인 PCC선은 주묘 위험지수를 30% 이하로 유지하기 위해서는 JIS 타입 앵커인 경우 체인의 신출량이 10 shackles이 필요하고 AC-14 타입 앵커의 경우에는 8 shackles이 필요하다.

7. 주묘를 방지하기 위한 대책

7.1 주묘 중 선박의 운동

(1) 주묘 중 스윙 운동

앵커가 어떤 특정한 풍압에 의해 끌릴 때 선박은 스윙운동을 반복하면서 풍하측으로 표류한다.

〈그림 3.2.26〉과 같이 [A] 구간에서는 선박이 규칙적인 스윙 운동을 반복하고, [B] 구간에서는 강해진 풍압에 따라 선박은 왜곡된 형태의 스윙 운동이 계속되면서 풍하측으로 표류하고, 앵커는 꼬불꼬불한 곡선형태로 끌린다. 그 때 풍압이 더 강해지면 [C] 구간과 같이 선박은 스윙운동 없이 완만한 곡선 형태로 일정한 속력으로 풍하측으로 표류한다. 따라서 선박이 위와 같은 스윙 운동을 하게 되면 앵커가 끌릴 수 있다는 것을 명심해야 한다.

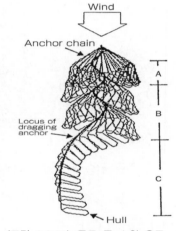

〈그림 3.2.26〉 주묘 중 스윙 운동

(2) 앵커가 끌릴 때 표류 속도와 선박의 자세

앵커가 해저에 단단히 박혀있지 않더라도 앵커와 체인의 총 파주력이 선박에 작용하는 외력보다 클 경우에는 주묘가 발생되지 않는다.

〈표 3.2.10〉은 앵커의 파주력에 대한 한계풍속을 나타낸다. 풍속이 한계풍속을 조금 초과하면 주묘는 왜곡된 스윙 운동을 시작하며 주묘된다. 풍속이 더욱 증가하면 선박은 일정한 속도로 풍하측으로 표류하며 주묘된다.

〈표 3.2.10〉 앵커 파주력에 대한 한계 풍속

대상 선박	앵커 파주력에 대한 한계 풍속
5,000 GT general cargo ship	30 m/sec
160,000 DWT tanker	26 m/sec
700 TEU container ship	24.2 m/sec
6,000 unit PCC	16.5 m/sec

〈그림 3.2.27〉은 주묘된 후 풍하측으로 표류하는 속력을 보여준다. 풍속 16~18m/s에서 스윙 운동을 동반하면서 주묘가 시작되어, 풍속이 더 강해짐에 따라 일정하게 표류하게 된다. 풍속이 20~25m/s일 때 PCC의 경우 3~4노트의 속력으로 풍하측으로 표류할 것이다.

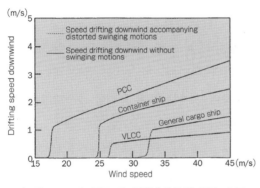

〈그림 3.2.27〉 주묘 후 풍하측으로의 표류 속도

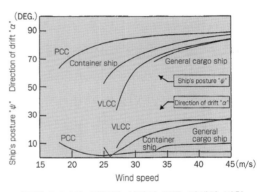

〈그림 3.2.28〉 주묘된 선박의 표류 자세와 방향

〈그림 3.2.28〉은 주묘되는 선박의 표류 자세와 방향을 보여준다. 선박의 자세는 선수미 중심선과 풍향 사이의 각도로 표시되고, 표류의 방향은 풍향과 선박 무게중심의 표류 방향 사이의 각도로 표시된다. 예를 들면 30m/s의 풍속에서 PCC가 주묘 될 때에는 바람에 거의 직각으로 누워 똑바로 표류할 것이다. 반면 VLCC는 풍향의 60° 방향으로 놓이면서 20° 방향으로 표류할 것이다.

7.2 대응조치와 효과

(1) 여유분의 체인 신출과 두 번째 앵커의 사용

앵커가 한번 끌리기 시작하면 멈추기 힘들다. 왜냐하면 표류중의 선박의 속력에 대한 관성의 힘이 너무 커서 앵커와 체인의 파주력으로는 제지하기 힘들기 때문이다. 비록 주묘가 초기 단계이고 표류 중 관성력이 완전히 발생하기 전이라면 여분의 체인을 풀거나 두 번째 앵커를 투하함으로써 주묘 방지 효과가 다소 있을 수 있지만 주묘 이후 선박이 일정한 속력으로 주묘하기 시작했다면 위의 방법도 효과가 없을 것이다.

(2) Bow thruster의 사용

선박이 일정한 속력으로 풍하측으로 표류할 때 Bow thruster를 사용하여 선수방위를 풍상측으로 유지한다. 이 때 Bow thruster의 용량이 풍압보다 커야 한다. 예를 들면 PCC가 20m/s의 풍속으로 표류한다면 적어도 22ton 이상의 thruster 용량이 필요하다.

(3) 주기관과 타의 사용

주묘되고 있을 때 선박의 주기관과 타를 적절하게 이용하면 선수방위를 풍상측으로 유지할 수 있다. 풍속이 20m/s일 때 주기관은 최소 slow ahead, 풍속이 25m/s일 때 half ahead, 풍속이 30m/s일 때 full ahead를 사용해야 하고 타를 전타한다. 강한 바람이 불어올 때에도 엔진의 출력을 증가시키고 타를 이용하여 선수방위를 유지할 수 있다. 하지만 황천 시 선박 운동으로 인한 프로펠러 공회전(propeller racing) 때문에 엔진의 연속된 고출력을 계속 유지하기 힘들 때도 있다. 그러므로 주묘를 멈추는 수단으로써 주기관의 사용이 거친 해상 상태에서 제한될 수 있다는 것을 알아야 한다.

7.3 주묘의 발견(detection of dragging anchor)

〈그림 3.2.29〉는 실제로 주묘가 발생한 선박의 ECDIS에 표시된 항적을 나타내고 있다. 주묘 되기 이전에는 선박의 항적이 선회경(anchor circle) 이내에서 이동하다가 주묘가 되면서 후방으로 이동하고 있음을 알 수 있다. 또한, 주묘 시점에서는 앵커를 기준으로 선박의 위치가 좌우로 약 40° 정도 움직이며, 선수방위도 80° 정도까지 크게 선회하는 것으로 확인되었다.

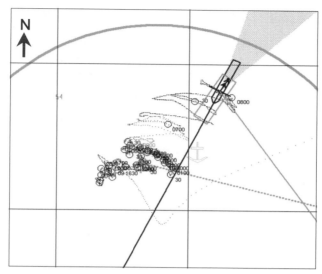

〈그림 3.2.29〉 주묘 선박의 항적(Jung, 2009)

〈그림 3.2.30〉은 Course Recorder에 기록된 선수방위(Heading)를 나타낸 것으로, 값이 큰 꼭지점은 선박이 우측 끝단에 이르렀을 때의 선수방위이고, 반대로 값이 작은 꼭지점은 선박이 좌측 끝단에 이르렀을 때의 선수방위로 확인되었다. 여기에서 선수방위가 가장 큰 폭으로 바뀐 것은 7시 15분경 160°에서 240°로 바뀐 경우로 그 폭이 80°에 이른다. 즉, 선박이 좌우로 스윙하면서 움직이다가 끝단에 이르러서는 앵커체인을 기준으로 할 경우 선수방위는 추가로 20°정도 더 회두하고 선미는 외측으로 더 선회하는 것으로 분석되었다. 또한, 06:30분경 주묘가 시작되면서부터 선수방위의 변동폭이 크게 나타나는 것으로 확인되었는데, 이는 선박에서 주묘가 시작되고 있음을 확인할 수 있는 중요한 단서로 이용될 수 있다.

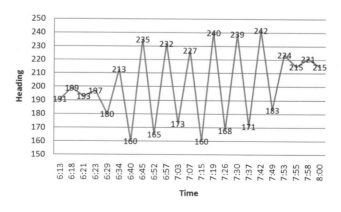

〈그림 3.2.30〉 주묘 중 선수방위의 변화

묘박 당직을 수행중인 조선자는 가능한 한 신속히 주묘 상황을 파악하는 것이 중요하다. 다음 사항은 조기에 주묘를 파악할 수 있는 방법이다.

- 선박의 위치가 신출된 체인의 길이를 고려한 회전반경 밖으로 벗어난 경우
- 선박의 선수방위가 풍상측을 향하지 않는 경우
- 선박이 바람에 정횡으로 놓이고 바람을 받는 현측이 변하지 않는 경우
- 스윙운동을 할 때 양 끝단에서 앵커 체인이 느슨해지지 않는 경우
- 체인에 비정상적인 진동이 느껴질 때

8. 안전한 묘박을 위한 준비

8.1 안전 확보 개념

묘박 중 발생하는 대부분의 사고는 '주묘→표류→충돌 또는 좌초'의 패턴을 보인다. 〈표 3.2.11〉은 이와 같은 사고를 예방하기 위한 기본 원칙을 보여준다.

조선자는 지형, 해저의 윤곽, 저질, 수심, 피난처의 상태, 교통량 등 관련된 정보를 고려하여 최적의 묘박지를 선정해야 한다. 그리고 묘박중인 타 선박과의 거리, 저수심, 다른 장애물과의 안전거리 유지도 중요하다. 또한 풍향, 풍속, 파고, 파향, 조류의 흐름 등 기상 및 해상조건과 선형, 선박의 크기, 흘수, 트림, 앵커의 종류와 무게, 체인의 길이 등 자선의 특성에 대해서도 알아야 한다.

더 나아가서 가능한 빨리 주묘를 알아낼 수 있는 방법을 강구해야 하며, 만약 주묘가 발생한다면 적절하게 대처할 수 있어야 한다.

〈표 3.2.11〉 안전한 묘박을 위한 사항

투묘 전 고려 사항	묘박 당직을 위한 기술적 조치	체계적인 관리와 보안을 위한 조치
• 주묘가 발생되지 않는 묘박지 • 주묘가 발생하더라도 사고를 막을 수 있는 충분한 선박 간 간격 또는 장애물과의 간격 확보	• 주묘의 발생을 막을 수 있는 기술적 조치 • 주묘의 예측 또는 조기 발견 • 과거 주묘 사고 분석	• 묘박 당직 관리 시스템 지원 (예를 들면, 묘박지 정보 제공, 묘박지 관리, 통항 지침, 주묘 가능성에 대한 위험 정보 제공, 구조 시스템 등)

8.2 타선 및 장애물과의 안전거리

주묘로 인한 사고를 예방하기 위해 모든 환경적 조건과 선박의 능력을 고려하여 주변에 있는 타선, 구조물, 사주, 장애물과의 안전거리를 유지해야 한다. 물표 또는 주변 장애물 사이에 유지해야 하는 정량적 기준이나 확립된 이론은 없지만 선종과 선박의 크기, 신출된 체인의 길이 및 교통량 등 선박에게 제공되는 정보 등을 고려하여 자선이 필요로 하는 안전 거리를 확보해야 한다. 이러한 주묘는 즉시 발견되어야 하고, 주기관과 타가 준비되어야 하며, 최소한 0.5마일의 공간이 필요하다. 이 거리에 추가하여 체인의 신출량, 선박의 길이가 고려되어야 하므로 대형선의 경우 최소한 1마일의 공간이 필요하다. 그러나 이와 같은 이상적인 안전거리 유지는 실제로 확보하기 어렵다. 왜냐하면 소형선박이 가끔 그 사이를 끼어들어 묘박하기 때문이다. 선형 및 크기에 따른 묘박지 지정 또는 묘박지 정보 제공 등 묘박지 관리가 체계적으로 관리되지 않으면 묘박 선박간의 안전 거리 확보는 어렵다.

Volume **04**

Ship Handling
Characteristics Data Base

[I] Maneuverability

Chapter 1 : List of Trial Ships

Table 4.1.1 Specifications of ships selected for maneuvering simulation

Ship type	Condition	Lpp	B	df	da	C$_b$
260,000 DWT tanker VLCC (full) VLCC (half) VLCC (ballast)	Fully loaded Half loaded Ballast	311	58.0	20.0 14.6 9.2	20.0 14.6 10.7	0.83 0.75 0.75
10,000 DWT tanker Tanker (full)	Fully loaded	108	18.4	7.9	7.9	0.75
127,000 m³ LNG carrier LNG (full)	Fully loaded	273	43.9	10.8	10.8	0.70
6,000 TEU container ship CNTN (full)	Fully loaded	301	42.8	14.0	14.0	0.63
6,000 unit PCC PCC (full)	Fully loaded	190	32.3	9.5	9.5	0.52

Table 4.1.2 Engine revolution (RPM) and speed (telegraph speed)

Ship type	M/E power output	Main engine (RPM)					Speed (kts)				
		N/F	S/BF	Half	Slow	D.S	N/F	S/BF	Half	Slow	D.S
260,000 DWT tanker VLCC (full)	28,000PS	Ah'd 69 Ast'n ___	58 58	48 48	39 39	29 29	Ah'd 12.0 14.3	10.0	8.0	6.0	
10,000 DWT tanker Tanker (full)	4,560PS	Ah'd 200 Ast'n ___	172 172	138 138	106 106	78 78	Ah'd 11.9 13.1	10.0	7.8	5.6	
127,000 m³ LNG carrier LNG (full)	43,000PS	Ah'd 86 Ast'n ___	54 54	46 46	36 36	25 25	Ah'd 12.3 19.6	10.4	8.2	5.6	
6,000 TEU container ship CNTN (full)	42,500PS	Ah'd 125 Ast'n ___	92 92	70 70	49 50	34 33	Ah'd 17.3 22.8	13.2	9.1	6.4	
6,000 unit PCC PCC (full)	19,200PS	Ah'd 106 Ast'n ___	58 49	45 46	37 40	30 30	Ah'd 11.4 20.0	8.9	7.4	5.9	

Bridge mockup

Wing mode maneuvering

Operation room

Simulator Dome

Fig. 4.1.1 Ship handling simulator

1. Zigzag Maneuver Test

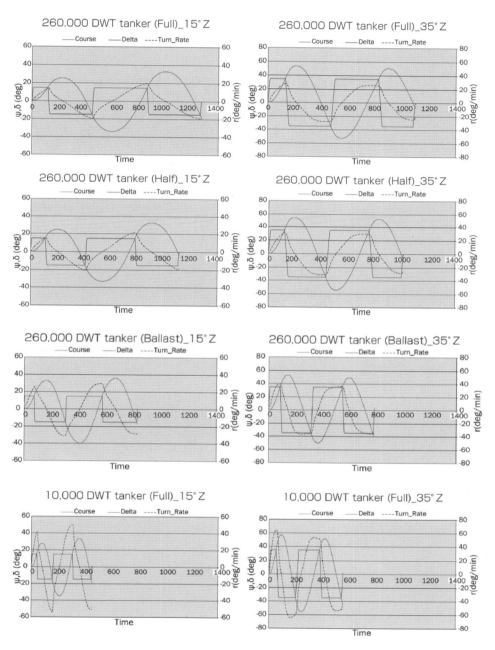

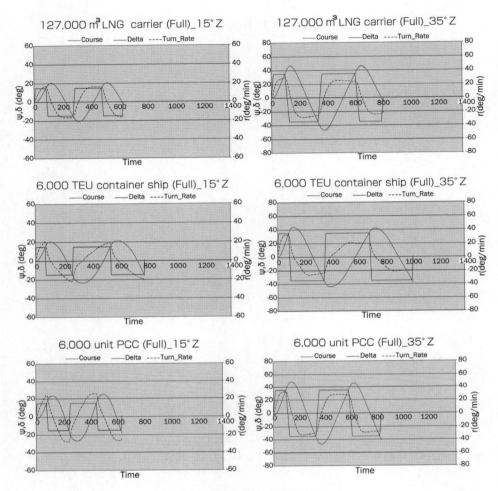

Fig.4.1.2 Chronological data of zigzag test
(15° and 35° zigzag maneuver tests under h/d=∞)

Table 4.1.3 Analytical results of maneuverability indices 'T' and 'K'

(15° and 35° zigzag maneuver tests under h/d = ∞)

Ship type	Helm angle	Water depth condition	Initial Speed	Index of Responsiveness to the helm	Index of turning Ability	Non-dimensional Maneuverability indices	
			kts	T(sec)	K	T′	K′
260,000 DWT tanker VLCC (full)	15° Z test	h/d = ∞	11.99	237.17	0.03	4.70	1.59
	35° Z test			78.73	0.01	1.56	0.61
260,000 DWT tanker VLCC (half)	15° Z test		12.19	199.87	0.03	4.03	1.60
	35° Z test			75.22	0.01	1.52	0.68
260,000 DWT tanker VLCC (ballast)	15° Z test		13.11	207.87	0.06	4.51	2.79
	35° Z test			58.14	0.02	1.26	0.81
10,000 DWT tanker Tanker (full)	15° Z test		11.87	91.84	0.09	5.19	1.63
	35° Z test			37.78	0.03	2.14	0.46
127,000 m³ LNG carrier LNG (full)	15° Z test		12.33	40.77	0.02	0.95	0.82
	35° Z test			21.77	0.01	0.51	0.55
6,000 TEU container ship CNTN (full)	15° Z test		16.6	73.54	0.02	2.09	0.75
	35° Z test			48.35	0.01	1.37	0.33
6,000 unit PCC PCC (full)	15° Z test		11.53	76.60	0.04	2.39	1.16
	35° Z test			36.02	0.01	1.12	0.43

2. Spiral Test

260,000 DWT tanker (Full Load)   127,000 m³ LNG carrier (Full Load)

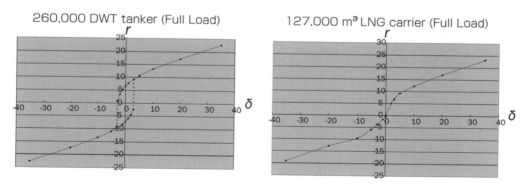

Fig.4.1.3 Result of spiral test

(260,000 DWT tanker and 127,000 m3 LNG, full load, initial speed 12 kts, h/d = ∞)

3. Turning Test

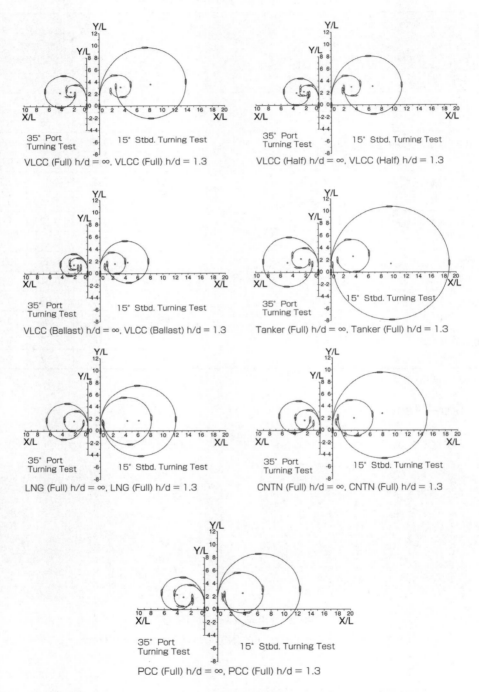

Fig.4.1.4 Locus of turning tests (standardized by ship's length)
(15° starboard helm and 35° port helm under the conditions of h/d = ∞ and h/d = 1.3)

Ship type	Helm angle	Depth/ Draft ratio	Initial speed (kts)	Advance	Transfer	Tactical diameter	Max. advance	Max. transfer	Final diameter	Reach	Drift angle at = 180°
260,000 DWT	35° port	h/d=∞	11.99	3.47	1.55	3.18	3.52	3.26	1.32	2.29	23.20
	15° stbd.		11.99	5.12	2.48	4.98	5.16	5.01	3.16	3.08	12.40
tanker VLCC (full)	35° port	h/d=1.3	11.57	5.09	3.57	6.61	5.09	6.62	4.75	2.20	1.80
	15° stbd.		11.53	9.69	7.36	13.76	9.69	13.76	11.13	3.55	1.40
260,000 DWT	35° port	h/d=∞	12.19	3.23	1.40	2.90	3.28	3.00	1.14	2.20	15.70
	15° stbd.		12.19	4.82	2.31	4.61	4.86	4.66	2.83	3.55	13.50
tanker VLCC (half)	35° port	h/d=1.3	11.68	4.45	2.99	5.55	4.45	5.55	4.04	2.01	1.70
	15° stbd.		11.68	8.12	5.95	11.18	8.13	11.18	9.17	3.10	1.60
260,000 DWT	35° port	h/d=∞	13.11	2.58	1.31	2.79	2.61	2.83	1.29	1.42	16.90
	15° stbd.		13.11	3.47	1.85	3.99	3.49	4.02	3.24	1.60	9.70
tanker VLCC (ballast)	35° port	h/d=1.3	12.23	3.23	2.24	4.33	3.24	4.33	3.25	1.27	3.60
	15° stbd.		12.10	5.33	3.96	7.65	5.33	7.66	6.59	1.79	1.80
10,000 DWT	35° port	h/d=∞	11.87	3.88	1.91	4.15	3.93	4.21	2.75	2.17	16.90
	15° stbd.		11.87	5.27	2.83	6.07	5.32	6.11	5.04	2.55	10.30
tanker Tanker (full)	35° port	h/d=1.3	10.28	5.71	4.53	8.80	5.71	8.80	7.88	1.57	1.30
	15° stbd.		10.28	10.69	9.47	18.86	10.69	18.86	18.57	1.38	0.60
127,000m³	35° port	h/d=∞	12.33	3.22	1.75	3.73	3.24	3.75	3.10	1.56	9.10
	15° stbd.		12.33	5.48	3.75	8.10	5.50	8.12	7.62	1.60	6.40
LNG carrier LNG (full)	35° port	h/d=1.3	11.90	4.55	3.33	6.57	4.55	6.57	5.86	1.53	3.10
	15° stbd.		11.88	7.52	5.91	11.98	7.52	11.99	11.66	1.66	2.00
6,000 TEU	35° port	h/d=∞	16.60	3.26	1.70	3.85	3.32	3.91	2.83	1.63	15.90
	15° stbd.		16.58	4.94	2.79	6.36	5.00	6.41	5.79	2.01	11.00
container ship CNTN (full)	35° port	h/d=1.3	14.29	4.83	3.35	6.39	4.84	6.40	4.87	2.05	4.50
	15° stbd.		14.89	9.63	7.01	15.05	9.63	15.06	14.18	2.80	2.30
6,000 unit	35° port	h/d=∞	11.53	3.73	2.02	4.48	3.79	4.55	2.74	1.87	16.40
	15° stbd.		11.53	5.60	2.99	6.73	5.65	6.78	5.98	2.47	10.40
PCC PCC (full)	35° port	h/d=1.3	11.01	4.96	3.25	6.32	4.97	6.33	4.53	2.23	5.90
	15° stbd.		11.01	8.60	6.20	12.37	8.61	12.38	11.28	2.44	2.90

Table 4.1.5 Speed reduction while turning
(15° starboard helm and 35° port helm under the conditions of h/d=∞ and h/d=1.3)

Ship type	Helm angle	Depth/ Draft ratio	Initial speed (kts)	Duration time to turn 90° (sec)	Speed reduction at 90°	Duration time to turn 180° (sec)	Speed reduction at 180°	Duration time to turn 270° (sec)	Speed reduction at 270°	Duration time to turn 360° (sec)	Speed reduction at 360°
260,000 DWT tanker VLCC (full)	35° port	h/d=∞	11.99	239.00	0.64	446.00	0.35	688.00	0.24	940.00	0.18
	15° stbd.		11.99	346.00	0.74	607.00	0.53	896.00	0.43	1202.00	0.38
	35° port	h/d=1.3	11.57	428.00	0.73	779.00	0.62	1121.00	0.57	1458.00	0.55
	15° stbd.		11.53	837.00	0.76	1530.00	0.70	2203.00	0.67	2868.00	0.68
260,000 DWT tanker VLCC (half)	35° port	h/d=∞	12.19	219.00	0.63	403.00	0.35	616.00	0.24	897.00	0.22
	15° stbd.		12.19	319.00	0.74	553.00	0.53	811.00	0.42	1086.00	0.38
	35° port	h/d=1.3	11.68	366.00	0.73	659.00	0.63	943.00	0.58	1223.00	0.56
	15° stbd.		11.68	682.00	0.77	1240.00	0.71	1748.00	0.69	2823.00	0.68
260,000 DWT tanker VLCC (ballast)	35° port	h/d=∞	13.11	168.00	0.69	317.00	0.46	466.00	0.33	1223.00	0.26
	15° stbd.		13.11	217.00	0.80	405.00	0.65	609.00	0.56	2823.00	0.52
	35° port	h/d=1.3	12.23	258.00	0.73	485.00	0.61	716.00	0.54	951.00	0.50
	15° stbd.		12.10	435.00	0.77	809.00	0.77	1173.00	0.70	1543.00	0.69
10,000 DWT tanker Tanker (full)	35° port	h/d=∞	11.87	96.00	0.67	188.00	0.44	298.00	0.35	416.00	0.32
	15° stbd.		11.87	127.00	0.79	237.00	0.64	358.00	0.57	484.00	0.54
	35° port	h/d=1.3	10.28	196.00	0.76	379.00	0.70	562.00	0.69	745.00	0.68
	15° stbd.		10.28	370.00	0.84	727.00	0.83	1084.00	0.83	1441.00	0.83
127,000m³ LNG carrier LNG (full)	35° port	h/d=∞	12.33	214.00	0.63	428.00	0.48	660.00	0.45	896.00	0.45
	15° stbd.		12.33	358.00	0.80	705.00	0.74	1059.00	0.73	1414.00	0.73
	35° port	h/d=1.3	11.90	357.00	0.65	705.00	0.60	1053.00	0.59	1402.00	0.59
	15° stbd.		11.88	546.00	0.82	1054.00	0.80	1564.00	0.80	2074.00	0.80
6,000 TEU container ship CNTN (full)	35° port	h/d=∞	16.60	191.00	0.52	426.00	0.34	710.00	0.27	1017.00	0.25
	15° stbd.		16.58	277.00	0.62	581.00	0.51	913.00	0.49	1251.00	0.48
	35° port	h/d=1.3	14.29	397.00	0.50	804.00	0.39	1236.00	0.36	1762.00	0.34
	15° stbd.		14.89	771.00	0.59	1533.00	0.57	2299.00	0.57	3065.00	0.57
6,000 unit PCC PCC (full)	35° port	h/d=∞	11.53	177.00	0.65	362.00	0.44	558.00	0.37	755.00	0.35
	15° stbd.		11.53	249.00	0.78	471.00	0.68	703.00	0.66	937.00	0.65
	35° port	h/d=1.3	11.01	264.00	0.69	504.00	0.54	747.00	0.49	989.00	0.47
	15° stbd.		11.01	441.00	0.84	815.00	0.81	1188.00	0.80	1560.00	0.80

4. Rudder Responsiveness

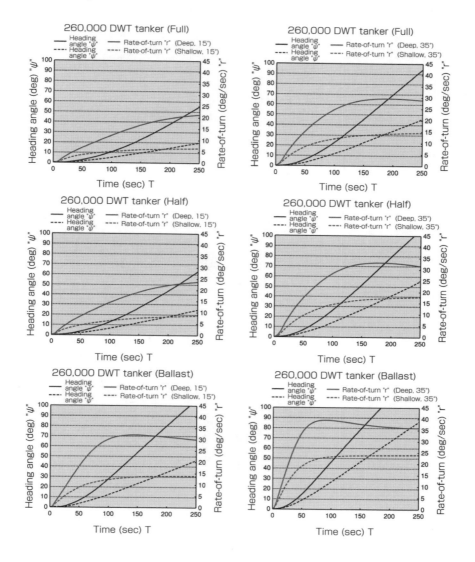

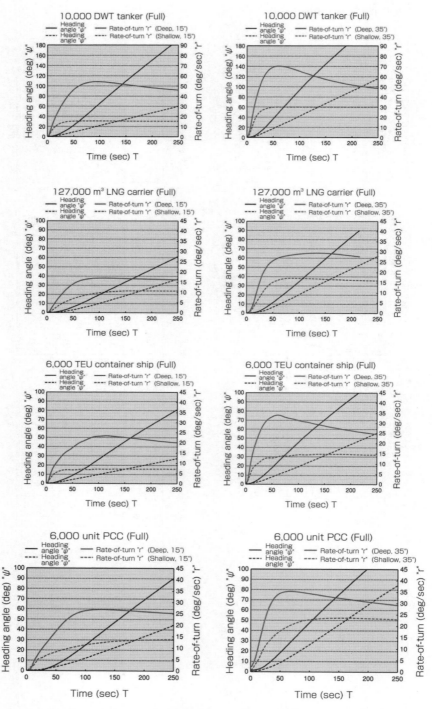

Fig.4.1.5 Development of rate-of-turn after rudder is turned
(15° starboard helm and 35° port helm under the conditions of h/d=∞ and h/d=1.3)

Table 4.1.6 Overshoot Angle to midship helm (h/d = 1.3)

Ship type	Helm angle	Depth/Draft ratio	Rate-of-turn at helm midship (deg/sec)	Overshoot angle (deg)	Time required to stop turning (sec)
260,000 DWT tanker VLCC (full)	35° port	h/d = ∞			
	15° stbd.				
	35° port	h/d = 1.3	0.26	17.30	214.00
	15° stbd.		0.14	8.50	154.00
260,000 DWT tanker VLCC (half)	35° port	h/d = ∞			
	15° stbd.				
	35° port	h/d = 1.3	0.32	23.03	257.00
	15° stbd.		0.17	12.60	201.00
260,000 DWT tanker VLCC (ballast)	35° port	h/d = ∞			
	15° stbd.				
	35° port	h/d = 1.3	0.38	30.50	332.00
	15° stbd.		0.25	15.50	177.00
10,000 DWT tanker Tanker (full)	35° port	h/d = ∞			
	15° stbd.				
	35° port	h/d = 1.3	0.49	11.50	79.00
	15° stbd.		0.25	4.00	41.00
12.7000 m³ LNG carrier LNG (full)	35° port	h/d = ∞	0.38	41.70	708.00
	15° stbd.		0.25	20.50	308.00
	35° port	h/d = 1.3	0.26	17.00	221.00
	15° stbd.		0.18	9.50	135.00
6,000 TEU container ship CNTN (full)	35° port	h/d = ∞			
	15° stbd.				
	35° port	h/d = 1.3	0.20	24.60	499.00
	15° stbd.		0.12	5.10	113.00
6,000 unit PCC PCC (full)	35° port	h/d = ∞			
	15° stbd.				
	35° port	h/d = 1.3	0.37	26.10	303.00
			0.24	12.90	185.00

Table 4.1.7 Overshoot angle for checking rudder (h/d = ∞)

Ship type	Checking helm angle	Depth/ Draft ratio	Overshoot angle		Overshoot angle		Overshoot angle	
			(deg)	at (r) (deg/min)	(deg)	at (r) (deg/min)	(deg)	at (r) (deg/min)
260,000 DWT tanker VLCC (full)	15°		10.49	14.07	− 19.01	− 19.68	17.97	19.71
	35°		18.39	27.49	− 17.64	− 27.53	15.68	25.04
260,000 DWT tanker VLCC (half)	15°		9.63	15.07	− 18.20	− 21.10	17.64	21.40
	35°		19.29	30.25	− 19.41	− 30.93	17.57	28.77
260,000 DWT tanker VLCC (ballast)	15°		18.20	25.18	− 24.49	− 31.36	21.07	29.46
	35°		18.47	39.13	− 15.16	− 36.00	14.70	35.63
10,000 DWT tanker Tanker (full)	15°	h/d = ∞	12.79	41.38	− 19.75	− 54.39	18.69	50.56
	35°		21.99	64.36	− 20.50	− 60.92	16.71	51.18
12.7000 m³ LNG carrier LNG (full)	15°		5.58	16.72	− 5.78	− 16.68	5.55	16.10
	35°		11.8	28.71	− 12.07	− 26.05	11.27	23.58
6,000 TEU container ship CNTN (full)	15°		5.31	20.66	− 8.47	− 22.02	6.25	18.77
	35°		8.85	31.58	− 8.89	− 24.34	6.85	19.42
6,000 unit PCC PCC (full)	15°		8.58	23.94	− 12.11	− 28.28	6.85	25.58
	35°		13.24	31.98	− 2.30	− 30.15	10.78	27.10

[II] Ship Handling Characteristics

Chapter 1 : List of Trial Ships

Table 4.2.1 Particulars of test ships

Ship type	Condition	Lpp	B	df	da	C_b
300,000 DWT tanker VLCC (full)	Fully loaded	324	60.0	20.5	20.5	0.86
10,000 DWT bulker Bulker (full)	Fully loaded	107	19.4	8.0	8.0	0.75
135,000 m³ LNG carrier LNG (full)	Fully loaded	276	46.0	10.8	10.8	0.72
6,000 TEU container ship CNTN (full)	Fully loaded	303	42.8	13.6	13.6	0.63
50,000 GT large cruise ship	Fully loaded	205	29.6	7.3	7.3	0.62
4,500 unit PCC PCC (full)	Fully loaded	170	32.3	8.8	8.8	0.58

Table 4.2.2 Telegraph speed

Ship type	Condition	Speed (kt)				
		N/Full	S/B Full	Half	Slow	D. Slow
300,000 DWT tanker VLCC (full)	Fully loaded	15.2	10.5	7.1	4.2	2.7
10,000 DWT bulker Bulker (full)	Fully loaded	13.6	9.6	7.4	5.1	3.6
135,000 m³ LNG carrier LNG (full)	Fully loaded	18.9	12.0	9.0	6.3	4.3
6,000 TEU container ship CNTN (full)	Fully loaded	24.7	18.1	14.0	9.7	6.8
50,000 GT large cruise ship	Fully loaded	22.2	11.0	9.2	6.4	2.8
4,500 unit PCC PCC (full)	Fully loaded	19.9	12.2	10.1	8.0	5.9

Chapter 2 : Inertial Characteristics

1. Driving Inertia and Stopping Inertia

300,000 DWT tanker (Full)_deep
Driving inertia characteristics (Stop Eng.→S/B Full Ahead)

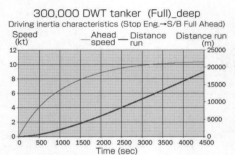

300,000 DWT tanker (Full)_shallow
Driving inertia characteristics (Stop Eng.→S/B Full Ahead)

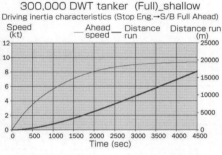

300,000 DWT tanker (Full)_deep
Stopping inertia characteristics (S/B Full Ahead→Stop Eng.)

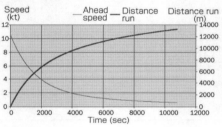

300,000 DWT tanker (Full)_shallow
Stopping inertia characteristics (S/B Full Ahead→Stop Eng.)

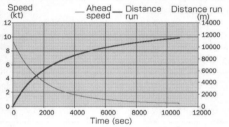

10,000 DWT bulker (Full)_deep
Driving inertia characteristics (Stop Eng.→S/B Full Ahead)

10,000 DWT bulker (Full)_shallow
Driving inertia characteristics (Stop Eng.→S/B Full Ahead)

10,000 DWT bulker (Full)_deep
Stopping inertia characteristics (S/B Full Ahead→Stop Eng.)

10,000 DWT bulker (Full)_shallow
Stopping inertia characteristics (S/B Full Ahead→Stop Eng.)

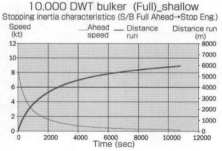

135,000 m³ LNG carrier (Full)_deep
Driving inertia characteristics (Stop Eng.→S/B Full Ahead)

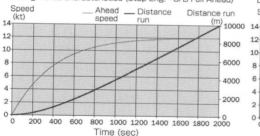

135,000 m³ LNG carrier (Full)_shallow
Driving inertia characteristics (Stop Eng.→S/B Full Ahead)

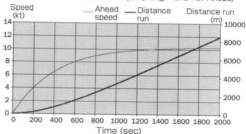

135,000 m³ LNG carrier (Full)_deep
Stopping inertia characteristics (S/B Full Ahead→Stop Eng.)

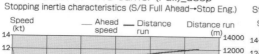

135,000 m³ LNG carrier (Full)_shallow
Stopping inertia characteristics (S/B Full Ahead→Stop Eng.)

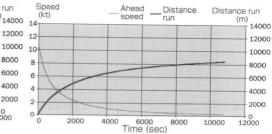

6,000 TEU container ship (Full)_deep
Driving inertia characteristics (Stop Eng.→S/B Full Ahead)

6,000 TEU container ship (Full)_shallow
Driving inertia characteristics (Stop Eng. → S/B Full Ahead)

6,000 TEU container ship (Full)_deep
Stopping inertia characteristics (S/B Full Ahead→Stop Eng.)

6,000 TEU container ship (Full)_shallow
Stopping inertia characteristics (S/B Full Ahead→Stop Eng.)

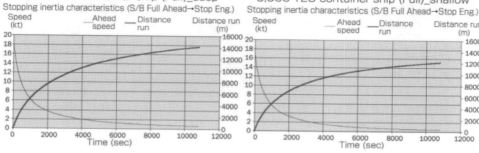
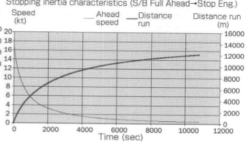

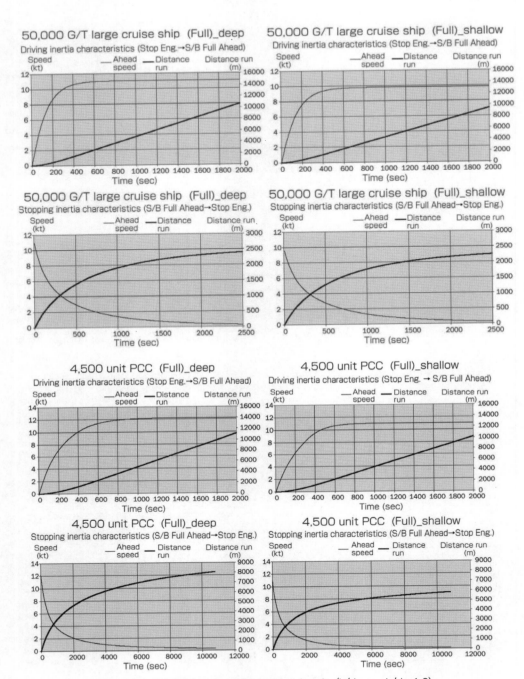

Fig. 4.2.1 Driving inertia and stopping inertia (h/d = ∞, h/d = 1.3)

2. Emergency Stopping Inertia

300,000 DWT tanker (Full)_deep
Emerg'y stop'g inertia characteristics (S/B Full Ahead→Full Ast'n)

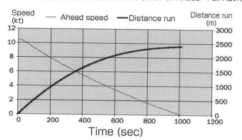

300,000 DWT tanker (Full)_shallow
Emerg'y stop'g inertia characteristics (S/B Full Ahead→Full Ast'n)

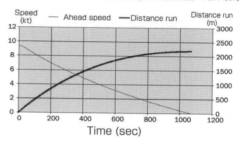

300,000 DWT tanker (Full)_deep
Emerg'y stop'g inertia characteristics (S/B Full Ahead→Full Ast'n)

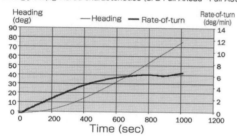

300,000 DWT tanker (Full)_shallow
Emerg'y stop'g inertia characteristics (S/B Full Ahead→Full Ast'n)

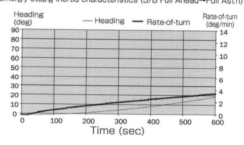

300,000 DWT tanker (Full)_deep
Emerg'y stop'g inertia characteristics (S/B Full Ahead→Full Ast'n)

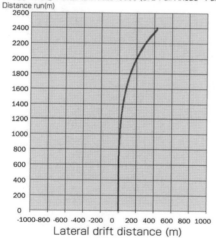

300,000 DWT tanker (Full)_shallow
Emerg'y stop'g inertia characteristics (S/B Full Ahead→Full Ast'n)

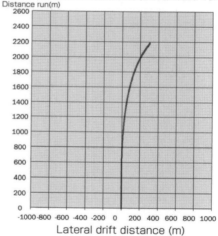

10,000 DWT tanker (Full)_deep
Emerg'y stop'g inertia characteristics (S/B Full Ahead→Full Ast'n)

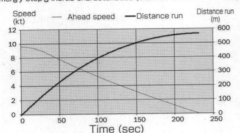

10,000 DWT tanker (Full)_shallow
Emerg'y stop'g inertia characteristics (S/B Full Ahead→Full Ast'n)

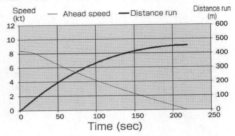

10,000 DWT tanker (Full)_deep
Emerg'y stop'g inertia characteristics (S/B Full Ahead→Full Ast'n)

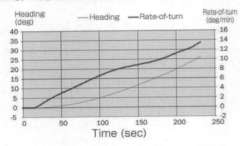

10,000 DWT tanker (Full)_shallow
Emerg'y stop'g inertia characteristics (S/B Full Ahead→Full Ast'n)

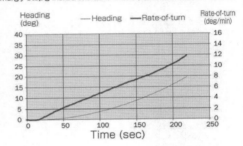

10,000 DWT tanker (Full)_deep
Emerg'y stop'g inertia characteristics (S/B Full Ahead→Full Ast'n)

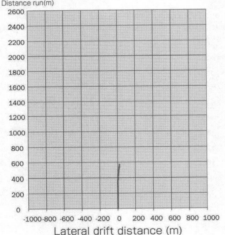

10,000 DWT tanker (Full)_shallow
Emerg'y stop'g inertia characteristics (S/B Full Ahead→Full Ast'n)

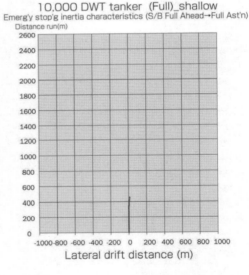

135,000 m³ LNG carrier (Full)_deep
Emerg'y stop'g inertia characteristics (S/B Full Ahead→Full Ast'n)

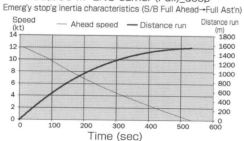

135,000 m³ LNG carrier (Full)_shallow
Emerg'y stop'g inertia characteristics (S/B Full Ahead→Full Ast'n)

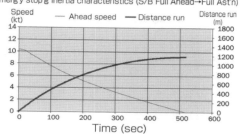

135,000 m³ LNG carrier (Full)_deep
Emerg'y stop'g inertia characteristics (S/B Full Ahead→Full Ast'n)

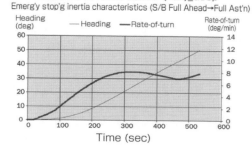

135,000 m³ LNG carrier (Full)_shallow
Emerg'y stop'g inertia characteristics (S/B Full Ahead→Full Ast'n)

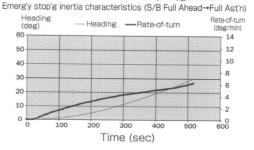

135,000 m³ LNG carrier (Full)_deep
Emerg'y stop'g inertia characteristics (S/B Full Ahead→Full Ast'n)

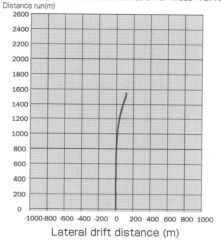

135,000 m³ LNG carrier (Full)_shallow
Emerg'y stop'g inertia characteristics (S/B Full Ahead→Full Ast'n)

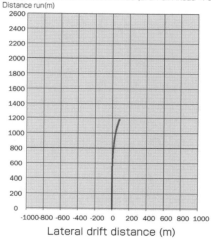

6,000 TEU container ship (Full)_deep
Emerg'y stop'g inertia characteristics (S/B Full Ahead→Full Ast'n)

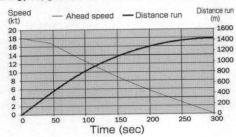

6,000 TEU container ship (Full)_shallow
Emerg'y stop'g inertia characteristics (S/B Full Ahead→Full Ast'n)

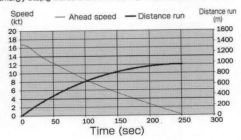

6,000 TEU container ship (Full)_deep
Emerg'y stop'g inertia characteristics (S/B Full Ahead→Full Ast'n)

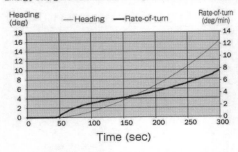

6,000 TEU container ship (Full)_shallow
Emerg'y stop'g inertia characteristics (S/B Full Ahead→Full Ast'n)

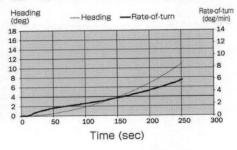

6,000 TEU container ship (Full)_deep
Emerg'y stop'g inertia characteristics (S/B Full Ahead→Full Ast'n)

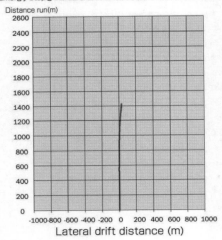

6,000 TEU container ship (Full)_shallow
Emerg'y stop'g inertia characteristics (S/B Full Ahead→Full Ast'n)

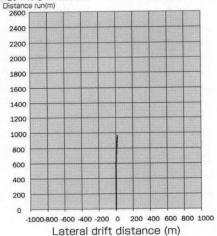

50,000 GT large cruise ship (Full)_deep
Emerg'y stop'g inertia characteristics (S/B Full Ahead→Full Ast'n)

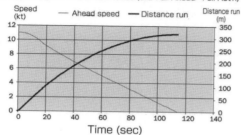

50,000 GT large cruise ship (Full)_shallow
Emerg'y stop'g inertia characteristics (S/B Full Ahead→Full Ast'n)

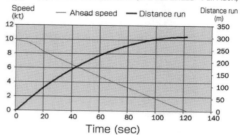

50,000 GT large cruise ship (Full)_deep
Emerg'y stop'g inertia characteristics (S/B Full Ahead→Full Ast'n)

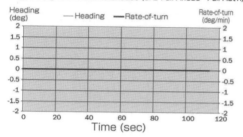

50,000 GT large cruise ship (Full)_shallow
Emerg'y stop'g inertia characteristics (S/B Full Ahead→Full Ast'n)

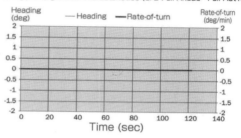

50,000 GT large cruise ship (Full)_deep
Emerg'y stop'g inertia characteristics (S/B Full Ahead→Full Ast'n)

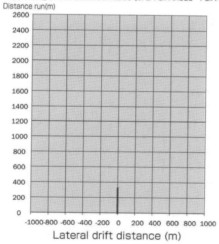

50,000 GT large cruise ship (Full)_shallow
Emerg'y stop'g inertia characteristics (S/B Full Ahead→Full Ast'n)

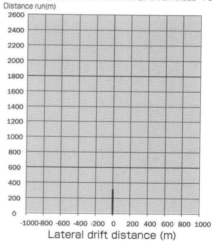

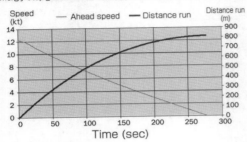

4,500 unit PCC (Full)_deep
Emerg'y stop'g inertia characteristics (S/B Full Ahead→Full Ast'n)

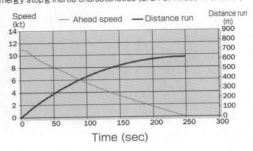

4,500 unit PCC (Full)_shallow
Emerg'y stop'g inertia characteristics (S/B Full Ahead→Full Ast'n)

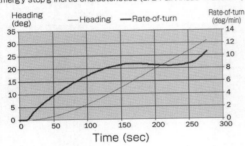

4,500 unit PCC (Full)_deep
Emerg'y stop'g inertia characteristics (S/B Full Ahead→Full Ast'n)

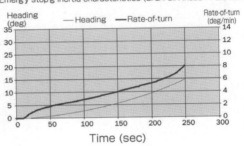

4,500 unit PCC (Full)_shallow
Emerg'y stop'g inertia characteristics (S/B Full Ahead→Full Ast'n)

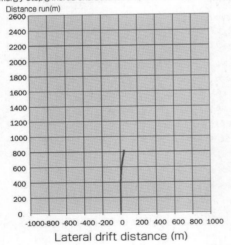

4,500 unit PCC (Full)_deep
Emerg'y stop'g inertia characteristics (S/B Full Ahead→Full Ast'n)

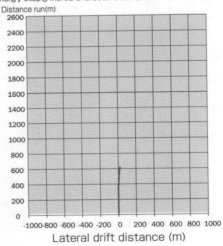

4,500 unit PCC (Full)_shallow
Emerg'y stop'g inertia characteristics (S/B Full Ahead→Full Ast'n)

Fig. 4.2.2 Emergency stopping inertia
(Initial speed: S/B Full ahead, h/d = ∞, h/d = 1.3)

Chapter 3 : Crash Astern Maneuvering

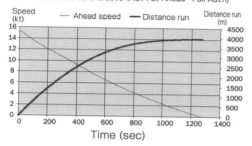

300,000 DWT tanker (Full)_deep
Crash astern inertia charact's (Nav Full Ahead→Full Ast'n)

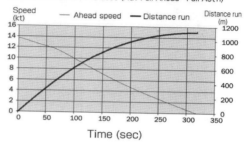

10,000 DWT bulker (Full)_ deep
Crash astern inertia charact's (Nav Full Ahead→Full Ast'n)

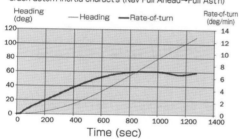

300,000 DWT tanker (Full)_deep
Crash astern inertia charact's (Nav Full Ahead→Full Ast'n)

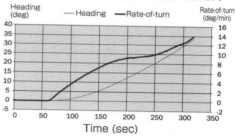

10,000 DWT bulker (Full)_ deep
Crash astern inertia charact's (Nav Full Ahead→Full Ast'n)

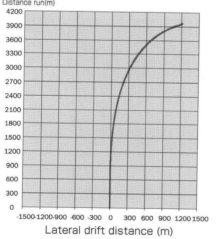

300,000 DWT tanker (Full)_deep
Crash astern inertia charact's (Nav Full Ahead→Full Ast'n)

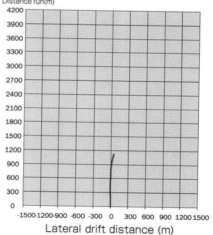

10,000 DWT bulker (Full)_ deep
Crash astern inertia charact's (Nav Full Ahead→Full Ast'n)

135,000 m³ LNG carrier (Full)_deep
Crash astern inertia charact's (Nav Full Ahead→Full Ast'n)

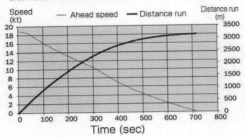

6,000 TEU container ship (Full)_deep
Crash astern inertia charact's (Nav Full Ahead→Full Ast'n)

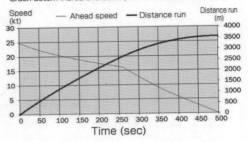

135,000 m³ LNG carrier (Full)_deep
Crash astern inertia charact's (Nav Full Ahead→Full Ast'n)

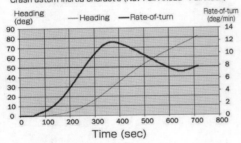

6,000 TEU container ship (Full)_deep
Crash astern inertia charact's (Nav Full Ahead→Full Ast'n)

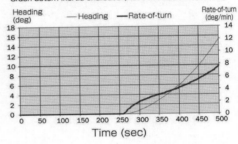

135,000 m³ LNG carrier (Full)_deep
Crash astern inertia charact's (Nav Full Ahead→Full Ast'n)

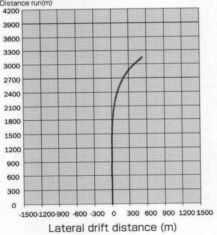

6,000 TEU container ship (Full)_deep
Crash astern inertia charact's (Nav Full Ahead→Full Ast'n)

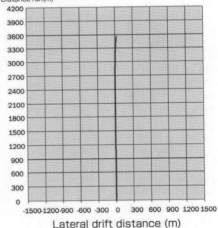

50,000 GT large cruise ship (Full)_deep
Crash astern inertia charact's (Nav Full Ahead→Full Ast'n)

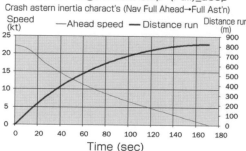

4,500 unit PCC (Full)_deep
Crash astern inertia charact's (Nav Full Ahead→Full Ast'n)

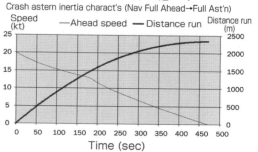

50,000 GT large cruise ship (Full)_deep
Crash astern inertia charact's (Nav Full Ahead→Full Ast'n)

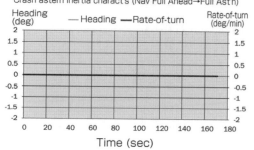

4,500 unit PCC (Full)_deep
Crash astern inertia charact's (Nav Full Ahead→Full Ast'n)

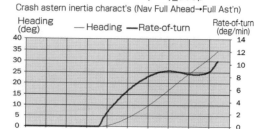

50,000 GT large cruise ship (Full)_deep
Crash astern inertia charact's (Nav Full Ahead→Full Ast'n)

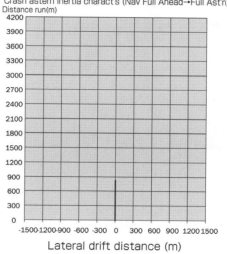

4,500 unit PCC (Full)_deep
Crash astern inertia charact's (Nav Full Ahead→Full Ast'n)

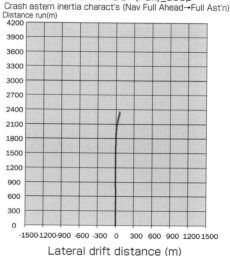

〈Fig. 4.2.3〉 Crash astern maneuvering(Initial speed: Nav. Full ahead, h/d = ∞)

Chapter 4 : Effect of External Forces on Ship Handling

1. Effects of Wind

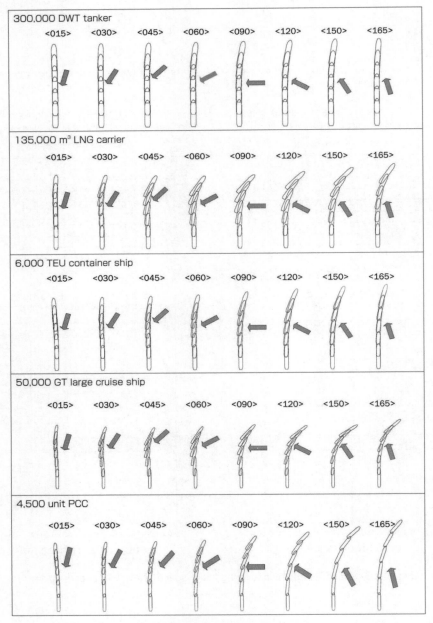

Fig. 4.2.4 Ship's motions under the effect of wind

(Engine stop, ahead inertial speed 5 knots, helm midship, wind speed to ship speed ratio 5)

300,000 DWT tanker

Effect while the ship runs a half ship length

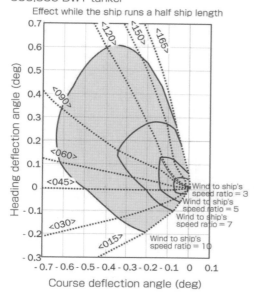

Effect while the ship runs one ship length

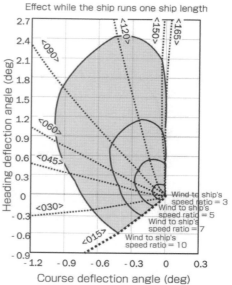

135,000 m³ LNG carrier

Effect while the ship runs a half ship length

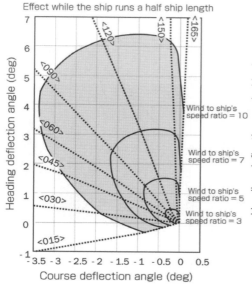

Effect while the ship runs one ship length

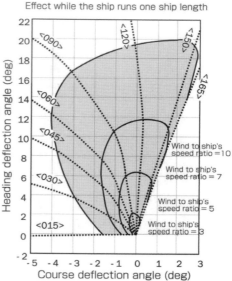

6,000 TEU container ship

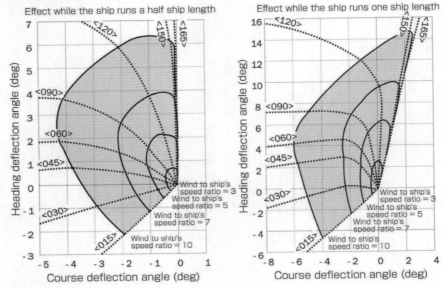

50,000 GT large cruise ship

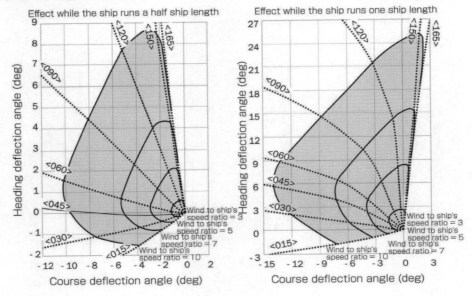

4,500 unit PCC

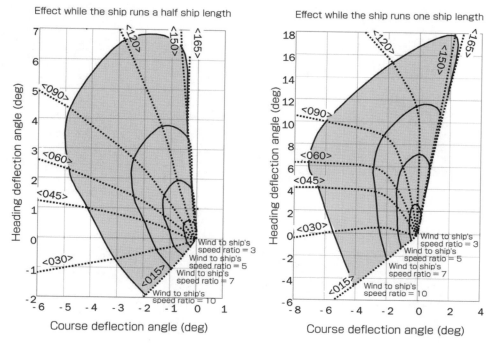

Effect while the ship runs a half ship length

Effect while the ship runs one ship length

Fig. 4.2.5 Course deflection angles and heading deflection angles created while a ship runs a half ship length and one ship length
(Engine stop, ahead inertia, helm midship)

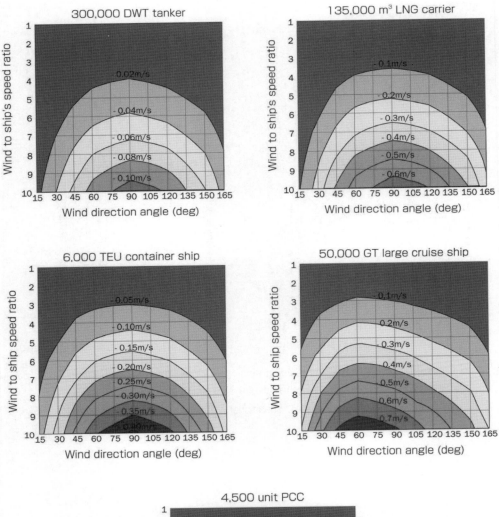

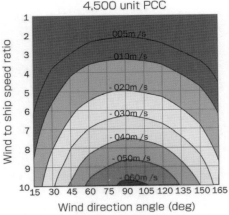

Fig. 4.2.6 Lateral drifting speed of a ship in 60 seconds after receiving the effect of wind
(Engine stop, ahead inertia, helm midship)

2. Effects of Current

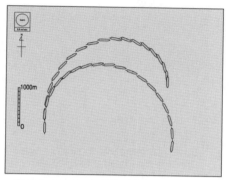

Current speed: 2 kt, Helm angle: 15°,
Current directions: 000°/180°

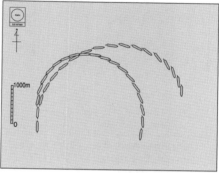

Current speed: 2 kt, Helm angle: 15°,
Current directions: 045°/225°

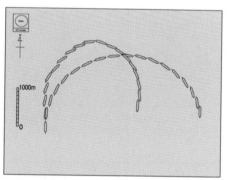

Current speed: 2 kt, Helm angle: 15°,
Current directions: 090°/270°

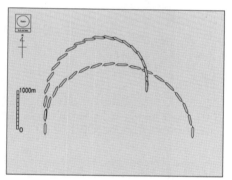

Current speed: 2 kt, Helm angle: 15°,
Current directions: 135°/315°

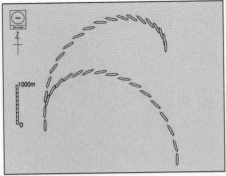

Current speed: 4 kt, Helm angle: 15°,
Current directions: 000°/180°

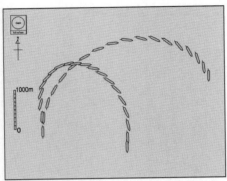

Current speed: 4 kt, Helm angle: 15°,
Current directions: 045°/225°

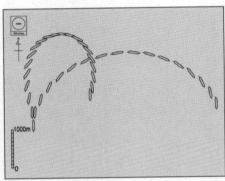

Current speed: 4 kt, Helm angle: 15°,
Current directions: 090°/270°

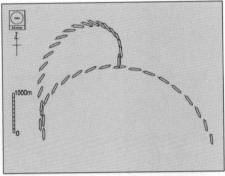

Current speed: 4 kt, Helm angle: 15°,
Current directions: 135°/315°

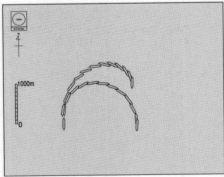

Current speed: 2 kt, Helm angle: 35°,
Current directions: 000°/180°

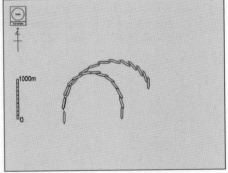

Current speed: 2 kt, Helm angle: 35°,
Current directions: 045°/225°

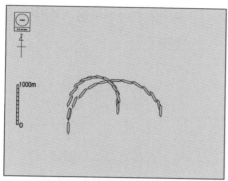

Current speed: 2 kt, Helm angle: 35°,
Current directions: 090°/270°

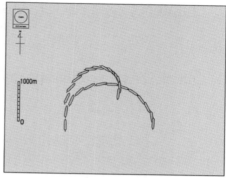

Current speed: 2 kt, Helm angle: 35°,
Current directions: 135°/315°

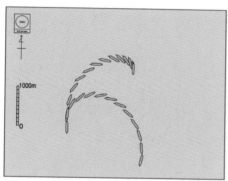

Current speed: 4 kt, Helm angle: 35°,
Current directions: 000°/180°

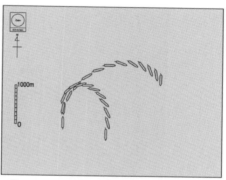

Current speed: 4 kt, Helm angle: 35°,
Current directions: 045°/225°

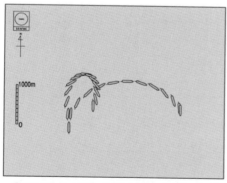

Current speed: 4 kt, Helm angle: 35°,
Current directions: 090°/270°

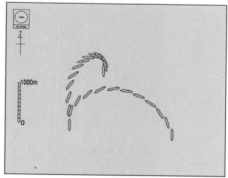

Current speed: 4 kt, Helm angle: 35°,
Current directions: 135°/315°

Fig. 4.2.7 Tracks of a U turn in current
(130,000m³ LNG carrier, fully loaded, 12.3kt, h/d=1.3, 15° and 35°)

Chapter 5 : Characteristics Related to Ship Handling inside Harbors

1. Critical Speed for Steerageway

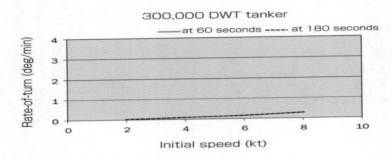

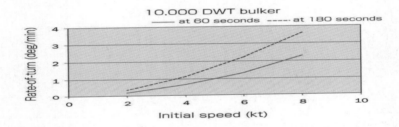

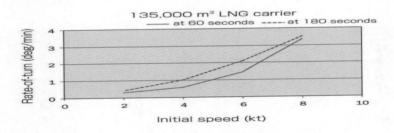

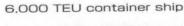

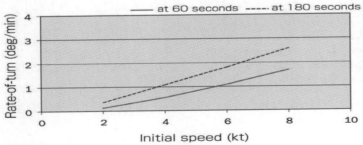

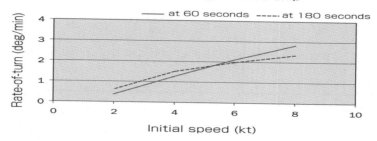

50,000 GT large cruise ship

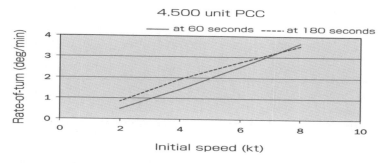

4,500 unit PCC

Fig. 4.2.8 Critical speed for steerageway
(Engine stop, ahead inertia, helm angle: 35°)

2. Stopping Distance and Deflection of Heading by Astern Engine

Table 4.2.3 Stopping distance and deflection of heading caused by astern engine

(a) 300,000 DWT tanker

	D. Slow Astern			Slow Astern			Half Astern			S/B Full Astern		
	Advance /L	Transfer /L	Deflection angle of heading	Advance /L	Transfer /L	Deflection angle of heading	Advance /L	Transfer /L	Deflection angle of heading	Advance /L	Transfer /L	Deflection angle of heading
D. Slow Ahead	3.1	0.2	37.7	2.0	0.1	29.4	1.1	0.0	20.7	0.7	0.0	15.2
Slow Ahead	5.5	0.6	48.9	3.8	0.4	41.8	2.4	0.1	32.4	1.6	0.1	25.4
Half Ahead	11.1	1.6	62.4	8.5	1.2	58.9	5.6	0.7	51.0	4.1	0.4	43.9
S/B Full Ahead	16.4	2.6	69.3	12.7	2.0	67.3	9.3	1.4	62.8	6.7	0.9	56.1

(b) 10,000 DWT bulker

	D. Slow Astern			Slow Astern			Half Astern			S/B Full Astern		
	Advance /L	Transfer /L	Deflection angle of heading	Advance /L	Transfer /L	Deflection angle of heading	Advance /L	Transfer /L	Deflection angle of heading	Advance /L	Transfer /L	Deflection angle of heading
D. Slow Ahead	36.3	5.3	32.9	1.8	0.0	29.4	1.1	0.0	20.7	0.9	0.0	15.2
Slow Ahead	43.3	6.0	34.4	3.2	0.1	41.8	2.0	0.0	32.4	1.6	0.0	25.4
Half Ahead	51.4	8.0	41.2	6.0	0.2	58.9	3.7	0.1	51.0	3.0	0.0	43.9
S/B Full Ahead	55.9	9.3	45.4	8.0	0.4	67.3	5.2	0.2	62.8	4.2	0.1	56.1

(c) 135,000 m³ LNG carrier

	D. Slow Astern			Slow Astern			Half Astern			S/B Full Astern		
	Advance /L	Transfer /L	Deflection angle of heading	Advance /L	Transfer /L	Deflection angle of heading	Advance /L	Transfer /L	Deflection angle of heading	Advance /L	Transfer /L	Deflection angle of heading
D. Slow Ahead	2.5	0.0	10.3	1.5	0.0	8.1	0.9	0.0	5.9	0.7	0.0	4.9
Slow Ahead	4.0	0.1	12.3	2.8	0.1	10.6	1.7	0.0	8.3	1.3	0.0	7.3
Half Ahead	6.3	0.2	14.1	4.3	0.1	12.5	2.9	0.1	10.6	2.3	0.0	9.7
S/B Full Ahead	8.3	0.3	14.9	5.6	0.2	13.6	3.8	0.1	11.9	3.2	0.1	11.0

(d) 6,000TEU container ship

	D. Slow Astern			Slow Astern			Half Astern			S/B Full Astern		
	Advance /L	Transfer /L	Deflection angle of heading	Advance /L	Transfer /L	Deflection angle of heading	Advance /L	Transfer /L	Deflection angle of heading	Advance /L	Transfer /L	Deflection angle of heading
D. Slow Ahead	2.5	0.0	10.3	1.5	0.0	8.1	0.9	0.0	5.9	0.7	0.0	4.9
Slow Ahead	4.0	0.1	12.3	2.8	0.1	10.6	1.7	0.0	8.3	1.3	0.0	7.3
Half Ahead	6.3	0.2	14.1	4.3	0.1	12.5	2.9	0.1	10.6	2.3	0.0	9.7
S/B Full Ahead	8.3	0.3	14.9	5.6	0.2	13.6	3.8	0.1	11.9	3.2	0.1	11.0

(e) 50,000GT large cruise ship

	D. Slow Astern			Slow Astern			Half Astern			S/B Full Astern		
	Advance /L	Transfer /L	Deflection angle of heading	Advance /L	Transfer /L	Deflection angle of heading	Advance /L	Transfer /L	Deflection angle of heading	Advance /L	Transfer /L	Deflection angle of heading
D. Slow Ahead	0.5	0.0	0.0	0.3	0.0	0.0	0.1	0.0	0.0	0.1	0.0	0.0
Slow Ahead	2.3	0.0	0.0	1.4	0.0	0.0	0.7	0.0	0.0	0.6	0.0	0.0
Half Ahead	3.7	0.0	0.0	2.4	0.0	0.0	1.4	0.0	0.0	1.1	0.0	0.0
S/B Full Ahead	4.5	0.0	0.0	3.0	0.0	0.0	1.8	0.0	0.0	1.5	0.0	0.0

(f) 4,500 unit PCC

	D. Slow Astern			Slow Astern			Half Astern			S/B Full Astern		
	Advance /L	Transfer /L	Deflection angle of heading	Advance /L	Transfer /L	Deflection angle of heading	Advance /L	Transfer /L	Deflection angle of heading	Advance /L	Transfer /L	Deflection angle of heading
D. Slow Ahead	3.3	0.1	14.4	2.2	0.0	12.6	1.6	0.0	11.0	1.2	0.0	9.6
Slow Ahead	4.7	0.2	16.0	3.6	0.1	14.9	2.8	0.1	13.6	2.1	0.0	12.1
Half Ahead	5.9	0.2	16.9	4.5	0.2	15.8	3.7	0.1	14.9	3.0	0.1	13.7
S/B Full Ahead	7.0	0.3	17.5	5.3	0.2	16.5	4.3	0.2	15.6	3.6	0.1	14.7

3. Turning Ability by Boosting

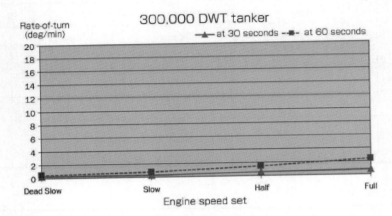

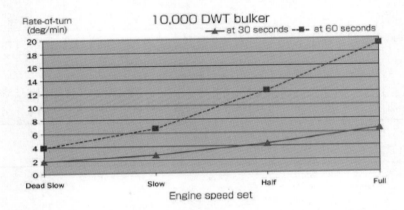

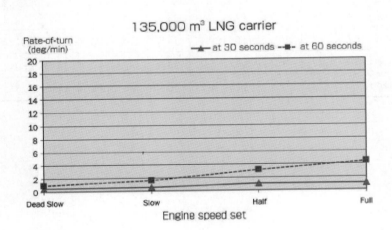

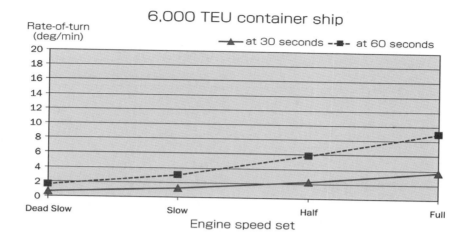

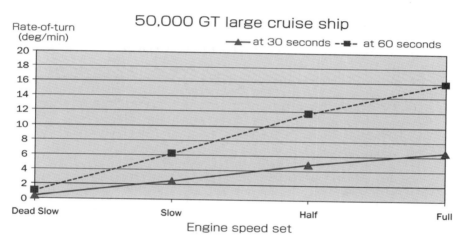

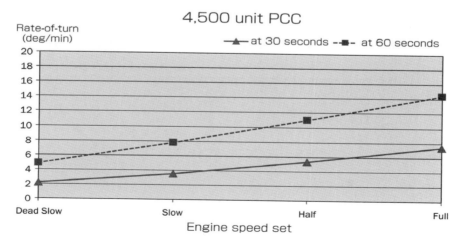

Fig. 4.2.9 Turning ability by boosting

4. Characteristics in Lateral Shifting Maneuvers

300,000 DWT tanker

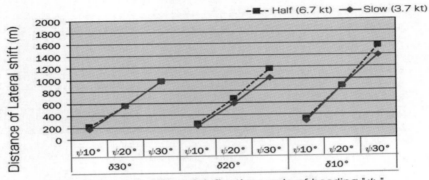

10,000 DWT bulker

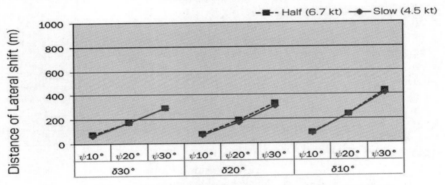

135,000 m³ LNG carrier

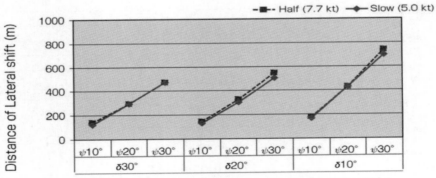

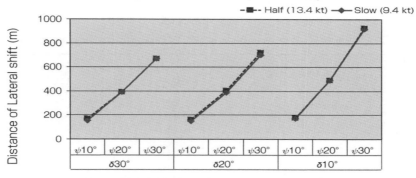

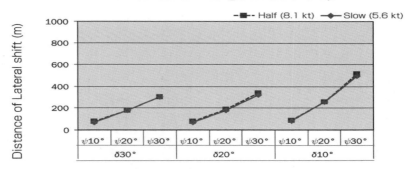

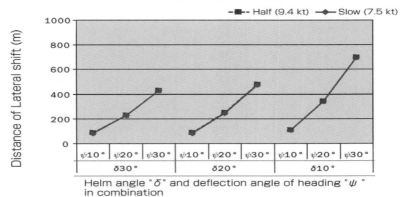

Fig. 4.2. 10 Characteristic in lateral shifting maneuvers

5. Swing out of a Ship's Stern by Kick

Table 4.2.4 Kick

(h/d=1.3, helm was taken at 35°, CG: ship's center of gravity)

Ship type	Initial speed (kt)		CG kick (m)	CG kick (L)	Stern kick (m)	Stern kick (L)	at (deg)	at time (sec)
300,000 DWT tanker VLCC (full)	D. Slow	2.4	10.5	0.032	39.7	0.12	7.1	307
	Slow	3.7	11.2	0.035	38.1	0.12	6.7	214
	Half	6.6	6.7	0.021	35.9	0.11	4.4	114
	S/B Full	9.4	6.4	0.020	35.4	0.11	4.1	83
10,000 DWT bulker Bulker (full)	D. Slow	3.1	4.8	0.045	13.9	0.13	9.3	99
	Slow	4.5	4.4	0.041	13.8	0.13	8.7	69
	Half	6.7	4.5	0.042	13.5	0.13	8.6	49
	S/B Full	8.4	3.3	0.032	13.7	0.13	7.5	37
135,000 m³ LNG carrier LNG (full)	D. Slow	3.6	12.6	0.046	36.4	0.13	10.5	173
	Slow	5.0	12.4	0.045	36.4	0.13	10.4	125
	Half	7.7	12.9	0.047	35.4	0.13	10.2	87
	S/B Full	10.3	10.9	0.039	34.8	0.13	9.1	64
6,000 TEU container ship CNTN (full)	D. Slow	6.3	8.9	0.029	31.4	0.10	6.9	112
	Slow	9.4	9.5	0.031	30.7	0.10	6.9	79
	Half	13.4	7.9	0.026	30.9	0.10	6.2	54
	S/B Full	16.8	9.5	0.031	30.9	0.10	6.9	46
50,000 GT large cruise ship	D. Slow	2.2	12.5	0.061	28.2	0.14	12.6	194
	Slow	5.6	12.9	0.063	26.6	0.13	12.0	82
	Half	8.1	13.3	0.065	26.2	0.13	11.9	60
	S/B Full	9.8	13.9	0.065	25.6	0.12	11.9	52
4,500 unit PCC PCC (full)	D. Slow	5.3	3.5	0.021	19.9	0.12	4.7	69
	Slow	7.5	3.6	0.016	19.8	0.12	4.6	51
	Half	9.4	2.8	0.016	19.8	0.12	4.1	39
	S/B Full	11.0	3.2	0.019	19.9	0.12	4.4	35

찾아보기

| 편저 |

정 창 현
- 목포해양대학교 항해학부 교수
- 한국해양대학교 대학원(공학박사)
- 한국해양대학교 실습선 일등항해사

김 철 승
- 목포해양대학교 해상운송학부 교수
- 고베대학 대학원(공학박사)
- 텍사스 A&M 대학(미국) 객원교수

박 영 수
- 한국해양대학교 해사수송과학부 교수
- 고베대학 대학원(공학박사)
- 미주리대학(미국) 객원교수

증보개정판

선박조종학 Theory and Practice of Ship Handling

2019년 2월 20일   초판 인쇄
2023년 3월 10일   3쇄 발행

편 저   정창현 · 김철승 · 박영수   .
펴낸이   한 신 규
편 집   이 은 영
표 지   이 미 옥
펴낸곳   **문현**출판
주 소   05827 서울시 송파구 동남로 11길 19(가락동)
전 화   Tel. 02) 443 - 0211, Fax. 02) 443 - 0212
E-nail   mun2009@naver.com
등 록   2009년 2월 23일(제2009 - 14호)

ⓒ정창현·김철승·박영수, 2020
ⓒ문현, 2020, printed in Korea

ISBN   979-11-87505-03-7 93500   정가 18,000원